改訂版

情報社会と情報倫理

梅本吉彦 編著

丸善出版

改訂版の刊行に際し

　本書の旧版を刊行し，早くも 17 年が経過した．当初，「情報倫理」という それまであまり聞き慣れない言葉に直面し，社会的には一歩引いて受け止められていた．そこで，改めて「情報倫理」の定義につき再確認しておく必要がある．本書の旧版において，筆者が紹介したように（本書旧版 4 頁），「情報倫理」につき早い時期から検討を重ねてきた社団法人私立大学情報教育協会は，平成 6 年に「情報化社会において，われわれが社会生活を営む上で，他人の権利との衝突を避けるべく，各個人が最低限守るべきルールである.」と定義している（同協会情報教育研究委員会第 1 分科会『情報倫理教育のすすめ』（平成 6 年 3 月 19 日）5 頁）．その後，「情報倫理」の概念は幅広く定着してきたようである．この改訂版を刊行するに際し，同協会の果たしてきた先駆的意義を積極的に評価し，この立場を踏襲することとする.

　情報社会の進展により，「情報倫理」という学問が対象とする守備範囲も，拡大の一途をたどるとともに，問題の深刻さにより，ますます深みを増すようになってきている．「情報倫理」が対象とする事象は，学校生活，企業活動，地域活動等日常生活のいたるところに潜んでいる．問題は，日常生活に溶け込んでいるところから生じるので，なかなか気づかないことにある．年齢，性別をはじめ職業のいかんを問わず，遭遇することであり，生涯教育の必要性が要求される問題である．その背景には，社会の流動性が顕著になり，それに伴い社会的事象が多様に変容し，価値感覚も多様化してきたという事情がある．それらの事象に的確に対応することは既存の価値感覚や原理原則では必ずしも困難な事態に陥ることが発生してきた.

ii

　そうした新たな事象に対する社会的な措置として法改正が積極的に行われてきた．例えば，個人情報保護法の制定（平成15年法律第57号）及びその後における数次にわたる改正である．しかし，法的措置をとるだけで情報社会の諸事象に対し十分に対応できるわけではなく，別の切り口から新たな対応策が求められるようになってきた．

　これらの社会的背景を踏まえて，改訂版の刊行に際し，旧版における全体の構成につき再検討を加えるとともに，執筆者の一部を変更することとした．

　旧版に対して読者から率直かつ建設的な多数のご意見をいただき，編者として誠に示唆に富むものがあり，このたびの改訂に際し，参考にさせていただくことができた．

　本書を刊行するに際し，各分野において現在第一線で活躍されている方々が，ご多忙な公務にもかかわらず，秀れた玉稿をご執筆いただいたことにつき，心より御礼申し上げる．また，改訂に伴う全体の構想について，小島喜一郎氏が公務多忙の折にもかかわらず建設的な意見を提示する等貴重な協力を得たことを特に申し添える．

　2019年11月

梅　本　吉　彦

初 版 は じ め に

　「情報化社会」ということが社会的に話題になり，情報の価値についての
一般的な関心が顕著になってきたことは誠に好ましいことである．しかし，
それによって，自己の情報を守秘し，他人の情報を探索するというきわめて
ゆがんだ意識を有する向きも少なくない．さらに，いったん情報に係る問題
を生じると，インターネット時代においては，情報がすでに無限の世界に拡
散されてしまっていて，もはや人の力の及ばないものとなってしまっている
ことが少なくない．そうした場合には，法の力は無力であり，法的制裁措置
は，民事上，行政上さらには刑事上であれ，実効性のないものとなってしま
うのである．

　しかし，こうした状況を認識するとしても，それだからといって情報社会
のなせるわざわいとして放置することは，健全な情報社会の発展のために著
しい阻害要因となるおそれがある．そこで，どのような対応措置が必要であ
るかという問題になる．

　一般に，今日では規制緩和という方向に社会の流れが向かいつつあるとい
われる．しかし，そこにいう規制緩和とは行政による事前の規制から司法に
よる事後的な救済への比重の転換ということを意味している．したがって，
情報という問題について，規制緩和との関係の視点から取り上げるのは適切
ではない．むしろ，「情報化社会」においては，情報を核として，光の部分
と影の部分とがあることに着目し，その現実を率直に認識することが必要で
ある．その上で，単に影の部分をいたずらに強調するのではなく，影の部分
の占有面積を縮小させて光の部分に転換させ，占有面積を拡張する方向で検

iv

討し，対応措置を講ずることが建設的な姿勢である．

その場合に，まず，社会的な対応措置として法的な視点から制裁措置を設けることが考えられる．しかし，それによって万全な対策として機能できるかというと疑問の余地がある．民事的，行政的及び刑事的制裁によってもおのずから限界がある．そこに，情報倫理というものの存在価値が浮上してくる．

しかし，情報倫理は，単にこれらの法的制裁措置の間隙を補完するにとどまるのではなく，法的制裁措置の根底には，情報倫理という環境基盤が備わっているのであり，情報倫理によって各種の法的制裁も支えられているとみることもできよう．こうした背景事情を考えると，教職に従事することを志す者は，いずれの専門学部に所属しているかにかかわらず，等しく情報倫理を修得することが必要になる．

本書の内容については，もとより肯定しあるいは否定する種々の見解があろう．それは，本書を読まれる方々が，それぞれの立場から評価されることである．本書が，情報倫理を理解する上での一助となれば編集の任に当たったものとして幸いこれに優るものはない．なお，本書の中で内容が一部重複して取り上げられている箇所がある．これは，情報の有する多様性により多角的な視点からの考察を必要とする特徴であると評価している．そのため，調整は一切行わないこととした．また，基本的な立場の統一を図ることも行わず，各執筆者がそれぞれ自己の担当した箇所について最終的な責任をもつこととしている．

本書を刊行するについて，それぞれの分野において現在第一線で活躍されている方々が，ご多忙な公務にもかかわらず，ご執筆いただいたことにつき，心から御礼を申し上げる．また，早期に原稿を執筆いただいた方については，編者の不手際によって刊行がここまで遅延したことを深くお詫びする．

2002 年 8 月

編著者　梅本吉彦

執　筆　者

梅　本　吉　彦*　　専修大学名誉教授

小　島　喜一郎　　東京経済大学経営学部准教授

内　藤　光　博　　専修大学法学部教授

窪　田　　誠　　関西学院大学総合政策学部メディア情報学科教授

鈴　木　佳　子　　東京経済大学学生相談室課長・常勤カウンセラー
　　　　　　　　　（公認心理師・臨床心理士）

*は編著者，所属は 2019 年 12 月現在

目　　次

第 1 章　情報社会と情報倫理

梅本吉彦

1.1　情報社会の構造──光と影

1.1.1　情報への関心

　高度情報化社会の訪れといわれて久しく年月が経過している．その間に情報というものに対する国民の関心が急速に高まり，それに伴い知的財産という見えざるものの財産的価値が急速に浮上してきている．情報に関心を抱く要因は，もとより人それぞれであり，団体についても同様である．

　第一は，情報が財産的価値を有することが認識されるようになったことである．一般に可視性のあるものについては，その価値を容易に判断することが可能であるので，財産的価値を積極的に評価する傾向にある．

　これに対し，人は感性の生きものであるので，実際に手にとることのできない物や見ることのできないものについては，そもそもどのような価値を有するか容易に認識し難く，その価値を積極的に評価するまでには至らないきらいがある．空気は，その最も典型的な例であり，究極の例ともいえよう．しかし，その感性を刺激するきっかけがあれば，別の展開が望める．

　第二は，情報は健全な活用を図れば，多大な付加価値を生じ，大いなる成果を上げることができる．情報は活用することによってはじめて，その光の部分が顕在化する．情報の正の機能は，その究極において自分の情報が他人の情報と集合することによって相互に補完し合い，付加価値を生み出すとい

う特徴を発揮することになる．情報は大事にしまっておいたのではなんの価値も生じないし，新たな価値も生まれない．

　厚生労働省による国民健康保険の電車内の吊り広告に，「みんながあなたを助けます．あなたもみんなを助けてます」というキャッチフレーズを見ることがある．このキャッチフレーズは，情報化社会における情報に対する人々の心がけとして等しく当てはまることである．自分の信用だけで個人情報というものは成り立つものではない．最も明白なのは，クレジットカードの仕組みである．カードを保有する一人一人がどのような組織に属しているか，その構成員であるかといった要素からクレジットカードが付与されるわけではない．その制度の基盤には，膨大な個人信用情報が蓄積され，その蓄積された情報の付加価値とそれによる確率的計算に基づいて個人信用供与システムというクレジットカードの仕組みが成り立っていることを認識しなければならない．

　第三に，悪用すると第三者に回復し難い損害を加える事態を引き起こすことである．虚偽の情報を流布させると，それが故意であれ過失であれ，その情報の主体である第三者の名誉を毀損する等回復し難い損害を加える事態を生じさせることになる．虚偽の情報を流布させる媒体が文書であればもとより，インターネットを媒体とするときは，もはやひとたび流通した情報を物理的に差し止めることは法的方法を駆使してもきわめて困難である．

1.1.2　情報の生成

　社会生活の過程おける個々の無機質の事実もそれ自体が情報であるともいえる．ここであらためて情報の生成というのは，そうした無機質の事実ではない．一般に，情報は意識的に生成される場合と，社会生活を営んでいる過程で個別的事実が集積されたり，もともとは無関係の個別的事実が連結されることにより，情報として生成される場合がある．あるいは，いずれの場合であっても，この段階までは原則として問題はないといえよう．しかし，この段階で，虚偽の情報を意図的に生成させると，それはもはや取り返しのつ

かない源を設定することになる．こうしたことはもとより許されることではない．

　情報は別の情報と組み合わせることによってさらなる価値ある情報を生み出す．それは自己の保有する情報と他者の保有する情報が合体すると新たな付加価値を伴った情報を生み出すことになる．企業間における業務提携や合併等は最も大規模なものであるといえよう．

1.1.3　情報の収集

　情報を収集するルートは多様である．情報の生成の類型に対応した情報の収集ルートを確保しておくことが最低限度必要である．特定の組織が公権力に基づき情報を収集する場合は，収集する目的に即して情報の種類，項目，期間等時間的制限を設定するとともに，回答期限を設けて行うことになる．特定の組織が所定の情報を恒常的に収集する場合がある．

　情報に対する謝礼は情報をもって対応すべしといわれる．見方を変えると，公権力を有する機関を除き，情報を提供しなければ，誰も情報を提供してくれないと自覚する必要がある．そうであれば，公権力を有しない個人や組織は，情報を提供してくれる人の絆というルートをいかに張り巡らせておくかが重要なことである．とりわけ，個人について見ると，自己が長年にわたり努力と信用によって築き上げた人の絆に優るものはない．インターネット時代になっても，最終的には人と人の触れあいによって形成された信頼・信用こそが物事を最終的に判断する決め手である．

　そのように見てくると，先に述べたように，恒常的な情報を収集するルートを確保しておくことがいかに重要であるかということに帰着する．たとえば，社会生活における名刺交換はその最も初歩的な手段である．時折，われほどの者が安易に名刺を交換することなどできるかという意識でいる者がいる．また，女性の中には，男性と名刺交換することに対する警戒感を抱いている者が見受けられる．さらに，国家機関や企業において，業務以外に名刺交換してはならないと部下に指示する上司もいるようである．それを真に受

けて，一切名刺交換を拒否し，名刺は作っていないと予防線を張る者もある．
このような上司の非常識な指示に従っていると，最終的にそのつけはわが身
に返ってくることを忘れてはならない．こちらから情報を提供するのを拒む
ことは，相手も情報を提供しないということである．

　また，これらの名刺交換等によって収集した情報は，自分の判断基準に従っ
て整理しておく必要がある．それにより，必要なときに，有効適切に情報を
抽出することが可能になる．この整理ができていないと，せっかく収集した
情報を有効活用することも適わなくなる．年賀状は一切出さない人が最近で
は少なくないようであるが，これも情報収集の一つの機会を自ら遮断する行
為であり，あまり感心しない．

1.1.4　情報の流通

　情報の流通は，情報の収集と密接に関係する．インターネット社会では，
情報の流通を業とする企業が規模の如何を問わなければ膨大な数にわたる．
また，情報提供の媒体も多種多様である．それらのすべてにつき検索するこ
とは不可能ともいえることであり，そうした必要もないだろう．

　このような情報の流通過程に関与するものには，それら固有の責任を生じ
ることにもなる．単に情報を機械的に提供しているにとどまるので，情報の
内容の真偽までは関知していないといって済ませることはできない．共同通
信社が配信した記事をめぐる紛争はその例である．

　その事案は，共同通信社の情報配信をめぐる事件である．報道各社が世界
各国に情報網を張り巡らすことは経済的にも人的にも困難であるし，とりわ
け小規模の報道機関にとっては到底無理なことである．そこで，これらの報
道各社が出資して昭和20年に社団法人共同通信社を設立した（現在，一般
社団法人となっている）．同社は国内外に取材網を張り巡らせ，人材を配置
して情報を収集し，国内外の加盟各社に配信している．共同通信社から情報
の配信を受けた報道機関が，その情報の信憑性を信じて報道したところ，情
報に誤りがあり，それによって第三者の名誉を毀損したときに，報道機関は

その第三者に対して法的責任を負うかという問題を生じた．報道機関は共同通信社から配信された情報の真偽につき確認してはじめて報道しなければならないかという問題である．しかし，報道は，正確かつ迅速という要請が求められるし，また真偽の確認をするための情報網を設定することが困難であるからこそ，共同通信社を設立したのである．他方，報道機関側の情報収集体制に係る事情が優先されるのか，それとも第三者の人権が優るのかが争点になった．前者の観点から見ると，共同通信社から配信された情報であることに鑑み正確であると信用するも無理からぬことであるともいえる．しかし，それによって人権を侵害された第三者の法的保護はなぜ後退させられるのかという疑問に直面する．

　この点につき，最高裁判所は，「新聞社が通信社から配信を受けて自己の発行する新聞紙にそのまま掲載した記事が私人の犯罪行為やスキャンダルないしこれに関連する事実を内容とするものである場合には，当該記事が取材のための人的物的体制が整備され，一般的にはその報道内容に一定の信頼性を有しているとされる通信社から配信された記事に基づくものであるとの一事をもって，当該新聞社に同事実を真実と信ずるについて相当の理由があったものとはいえない．」とする（最高裁判所平成14年1月29日第三小法廷判決・最高裁判所民事判例集56巻1号185頁）．

　広告は，情報の流通の最も象徴的な形態の一つであるので，項を改めて次項で論じることとする．

1.1.5　情報と広告

　広告は，大別して二つの側面がある．第一は，広告が掲載されるまでに至る過程，第二は，掲載される媒体そのものが広く流通されるという属性を有することである．こうした視点から見ると，広告は情報の流通の象徴的な形態として位置づけることができる．そこで，広告のうちの最も典型的な事例の一つである新聞広告，および最近流布しているネット広告について，項を改めて見ることとする．

1.1.5.1　情報と新聞広告

　まず，広告主となる企業が新聞社の広告代理店に広告を掲載する発注をする．通常，新聞社は専属の広告代理店をもっているので，掲載したいと考える新聞紙に合わせて広告代理店に発注する．広告代理店は広告の下版を作成し，新聞社に持ち込むこととなる．その中にあって，新聞広告は社会的に宣伝という機能と情報提供という機能の二つを担っている．新聞の社会的影響力はきわめて多大なるものがあるので，「何々新聞」に掲載されていたとなると，それだけで新聞を見たものは広告の内容の信憑性につき肯定的に受け止める可能性が顕著であると見込まれる．そうした社会的背景を踏まえて，不当景品類及び不当表示防止法（昭和 37 年法律第 134 号）をはじめとする法的整備が図られている．広告代理店も新聞社も，各社それぞれ広告倫理要綱を作成しているので，持ち込まれた広告原稿につき広告倫理要綱に照らし，掲載することの是非につき審査をする．それによって，広告の内容を信頼した読者が不利益を被らないように予防措置を講じている．

　そこで，具体的事案につき検討する．その事案は新聞の読者がマンション販売の新聞広告の内容を信頼して，販売会社に内金を支払ったところ，マンションは完成を待たずに倒産してしまったため，広告を掲載時にはすでに新聞社等は倒産の恐れを知っていたにもかかわらず，広告を掲載したことは，不法行為責任を生じると主張して，読者が新聞社とその広告代理店に対して損害賠償請求をした事案である．

　この点につき，最高裁判所は詳細に判示している．その掲載誌は裁判所内部のものであり，あまり接することがないので，やや長文になるが紹介する．

　「元来新聞広告は取引についての一つの情報を提供するものにすぎず，読者らが右広告を見たことと当該広告に係る取引をすることとの間には必然的な関係があるとはいえず，とりわけこのことは不動産の購買勧誘広告について顕著であって，広告掲載に当たり広告内容の真実性を予め十分に調査確認した上でなければ新聞紙上にその掲載をしてはならないとする一般的な法的義務が新聞社等にあるということはできないが，他方，新聞広告は，新聞紙

上への掲載行為によってはじめて実現されるものであり，右広告に対する読者らの信頼は，高い情報収集能力を有する当該新聞社の報道記事に対する信頼と全く無関係に存在するものではなく，広告媒体業務にも携わる新聞社並びに同社に広告の仲介・取次をする広告社としては，新聞広告のもつ影響力の大きさに照らし，広告内容の真実性に疑念を抱くべき特別の事情があって読者らに不測の損害を及ぼすおそれがあることを予見し，又は予見し得た場合には，真実性の調査確認をして虚偽広告を読者らに提供してはならない義務があり，その限りにおいて新聞広告に対する読者らの信頼を保護する必要があると解すべきである.」とする（最高裁判所平成元年 9 月 19 日第三小法廷判決・最高裁判所裁判集民事 157 号 601 頁）．最高裁は上記判旨の上に立って，本件事案の被告会社に判旨がいう特別の事情は認められないとし，原告の請求を棄却した.

1.1.5.2　ネット広告

　インターネット上のスペースに掲載される広告を，ネット広告という．ウェッブサイト上の広告やスマートフォンのアプリ内の広告がその例である．そうすると，一般の新聞広告等とネット広告を比較すると，前者は広範な読者を対象としているのに対し，後者は特定の領域や分野に関心を有するものを念頭にしている点に，前者には見られない特徴がある．それだけ，ネット広告は特定の領域や分野に関心を有するものを対象として念頭においているので，個人や個別のグループや集団に照準を合わせた経済的にも効率的な広告戦略活動である.

1.1.5.3　情報流通過程における責任の所在

　一般に，情報が流通する過程では，複数のものが関与する．その典型的な事例が先に取り上げた新聞広告をめぐる事象である．その事案について，最高裁判所の判決は単に詳細であるばかりでなく，わかりやすく述べており，基本的な考え方は広く情報流通過程に関わるものの法的責任に応用することができるものである.

1.1.6　情報の保有・管理

　情報を保管・管理する場合に，大別して三つの問題がある．

　第一に，平常時にはそれらの情報を利活用することは想定されてなく，特別なときにはじめて，利活用する情報である．これらの情報は機密的性格の強いものが多く，外部からの情報の摂取を防止する対策を施すことに重点が置かれる．

　第二に，平常時にそれらの情報を有効かつ適切に利活用する情報である．これらの情報は利活用するために，どのように保管・管理するかに重点が置かれ，情報を特定の基準に基づいて分類する等して必要なときに，ただちに利活用することが可能なように仕掛けを施しておくことに重点が置かれる．

　第三に，情報を保有し，管理されていて，それが上記第一および第二のいずれに該当するものであっても，日常的に万全の管理体制がとられていることが必要である．万が一第三者から不法にこの情報が侵害され，漏洩したときに，それが法的に保護されるには，日常的に万全の管理体制がとられていることが必要である．一般にどのような組織であっても，入職する際に，職務上知り得た事実，情報を第三者に漏洩してはならない旨の誓約書を差し入れている．しかし，このことをもって情報の管理体制が整っているとはいえない．そうした誓約書が差し入れられていたとしても，日常の管理体制がどのような状況であるかは別個であることによる．

1.1.7　情報の廃棄

　情報を保有し，管理してしたところ，もはやその情報は利活用する余地がなくなり，今後ともそうした事態を生じることが想定できない場合には，情報を保有し，管理することにも多大な経費を要するので，それらの情報を消滅させることになる．それが，情報の廃棄である．その情報は利活用する余地がなくなったといっても，第三者にとっては利活用することが可能であったり，大いに利活用の価値が高い場合がある．さらに，情報の主体はもとより，個人情報やプライバシーに関する情報等第三者にとって利害関係を有す

る場合もある．そこで，情報を廃棄する方法が問題になる．

　その場合には，情報の重要性と情報を収録した媒体の属性の二つの側面から検討する必要がある．情報の重要性が低いものについては，情報が収録された媒体を裁断することによって廃棄することが考えられる．しかし，情報の重要性が高いものについては，溶解することによって，情報が収録された媒体を消滅させる段階にまで至るのが相当である．

　情報が，パーソナルコンピュータをはじめとする情報機器に収録されている場合は，専門業者によって処理されることになる．先に述べた溶解による場合も，同様である．いずれの場合も，専門業者による情報の消滅処理証明書を受領しておく必要がある．

1.1.8　情報の戦略的活用

　情報は有効活用することにこそ，本来的意義がある．情報の問題を取り上げると，とかく情報漏洩の防止から入る発想が目立つようである．もとより，情報漏洩は絶対に防止しなければならない．しかし，そこに情報の原点が存在するわけではない．情報は秘匿しておくだけではなんの意義もない．情報は，積極的に有効活用することにより付加価値が増すとともに，情報が累積することにより相乗効果を生じ，新たな情報へと進展する．そこにこそ，情報の属性に由来する情報の存在意義がある．

　そうした情報の特質を踏まえて，つぎなる政策を策定するのであり，ここからが競争社会を生き抜く正念場である．情報の戦略的活用ということは，その前提として，公表されている情報はすべて収集するとともに，その他になにか情報はないかという問題意識をもって探索することに努める．しかし，公表されていない情報をいたずらに探索することが重要なのではなく，公表されている情報をどのように解読し，さらに組み合わせることにより，つぎなる情報の存在を予見するという思考回路を展開することである．一つの書籍を若い頃に読んで大切な箇所に赤線を引いていたところ，年を重ねてから読み直すと，もとより問題意識が異なるので，当然に読み方も異なってくる．

そうすると，若い頃はなんでこんな箇所に赤線を引いていたのだろうかと考え直すことがある．同様に，公表されている情報をこれまで十分に咀嚼してきているであろうかという問題意識をもつことが基礎的作業として重要である．

1.2　女性の社会活動と情報倫理

今日，女性は社会の多方面において活躍していることは改めて述べるまでもないことである．しかし，許しがたいことではあるが，社会的に女性に対する偏見はいまだに随所に見られることは否定できない．

女性の社会活動を活発にするための方策につき考えよう．

まず，積極的方策につき，考えることとしよう．

第一に，プレゼン能力の向上の努力である．一般に，研究者と接していると，人前における発言が感情的に高ぶり，声色だけ上滑りしている者がいる．これは，話の内容と関わりなく，相手に対する訴える力が著しく低下してしまうという不利益を生じる．話はゆっくりとした口調でクールに淡々と自己の考えを他人に聞かせることを心がけることが重要である．

第二に，論理的思考能力の向上の努力である．人は二人以上集まれば，程度の差はあるものの，利害関係が対立することは避けられない．それには，感情的な思考ではなく，論理的思考能力を向上させるように努めることこそ，鍵である．論理的思考能力を養うには，優れた書物とりわけ自分の専門領域の書物を読む習慣を心がけることである．継続的に読むことであり，それにより論理的思考能力に止まらず，プレゼン能力や文章能力も向上することになる．

つぎに，障害物となりそうなものを除去することを考えよう．

第一に，生理的嫌悪感を生じない職場環境の整備である．女性が構成員として存する職場では，女性が生理的嫌悪感を抱くような書物，雑誌，写真等は排除することが必要である．たとえ，室内の装飾品であっても，そうした

絵画を飾るようなことはあってはならないことである．また，事務机は背板がしっかり備わっていて，向かい側から覗かれないようにすることである．そうした配慮は他にも当てはまることであり，階段の手すりの下には，不透明の立て板が設置されていて下から覗かれないようにしなければならない．

　第二に，女性にとって使い勝手の良い制度の整備である．たとえば，一般に従業員が休暇を申請する際には，通常申請書を提出することになろう．その申請書に詳細な理由を書かせることにより，申請を躊躇するようなことがあってはならない．とりわけ，女性が休暇を申請する際に，申請を思わず躊躇させるような書式であってはならない．また，学生や生徒が生理中の体育の授業につき，学校が見学届を提出させるに際し，詳細な記述を要求したり，担当教員が執拗に詳細な事情を詮索するような態度は許すべからざることである．

1.3　高齢化社会における福祉と情報倫理

　高齢化社会を迎え，他方少子化が一層進み，この逆転現象は社会的に深刻な問題を引き起こしているといわれてから，すでにかなりの年月が経過している．そうした現象も，現在では，医療の必要性はもとより介護の必要性も他の年齢層と比較して一段と高まる 70 歳以上の高齢者が，10 人に 1 人を占め，さらに 2030 年には 5 人に 1 人に増加するという調査結果が公表されている．

　すでにそうした影響は，教育の世界においても，様々な分野に現れている．親の介護のために，地方大学から都市の大学に，あるいは反対に都市の大学から郷里の大学に勤務先の変更を希望する研究者も少なくない．さらには，転職しても，そうした事態に対応しなければならないという声を聞くこともまれではない．

　こうした高齢化社会における新たな現象は，情報という観点から見ても，種々の局面で新たな問題を生じている．

　第1に，老人介護施設や特別養護老人施設に入所することを希望する者は，多数に及び，特に都市部では何百人待ちとかいうことになっている．そうした事態に対応するのに，市町村の関係部署に書類は用意してあるものの，実際には家族が関係する施設をつぎつぎと巡って，受け入れを打診しなければならない．そういう時間的余裕のある職業に従事している者にとっては，なんとか時間的やりくりをして対応することに努められる．ところが，多くの家族は必ずしもそうした状況にはないため，高齢者を受け入れてくれる施設を探索すること自体に相当な苦労を要することになる．こうした現状を直視すると，老人介護施設の入所可能な場所の情報を集約的に管理するシステムが構築するとともに，入所希望者の情報を一元管理し，自己管理が比較的可能な職業に従事していなくても，入所可能な施設を探索することを可能にする工夫をシステム化することはできないことであろうか．もとより，最終的には，受け入れ施設と入所希望者の家族との信頼関係が重要な要素を占めるので，面談することが必要になるが，その前段階だけでも情報を有効活用することが望まれる．

　第2に，ようやく老人介護施設や特別養護老人施設に入所することができても，こんどは家族が年寄りの入所していることを第三者に知られることを極度に嫌がる傾向がある．家族は，年寄りを家庭で面倒見ることができず，これらの施設に入所させるのであるが，そうした年寄りがいるという事実を恥であるという認識なのであるという．これらの施設には，通常受付に面会簿を設置し，入所者に面会する者は，家族であると否とにかかわらず，それに氏名等を記載して入館するシステムになっている．ところが，たまたま第三者にその記載を見られて，年寄りの入所の事実が知れると困るので，知られないような仕組みを設けることを強く求めるという．さらに，各入所者の部屋の入り口には，在室者の氏名が記載されているが，それについても同様の理由から外して欲しいという強い要請が施設に寄せられるという．こうした要請には正当な理由があるかは疑問があり，保護する必要はないと考えられるが，施設は個人情報の取扱いのあり方として苦慮しているようである．

入所者にとっては，自己の部屋を容易に確認する意味があり，面会者にとっては，見舞いに来た相手方を同様に確認する意味があり，その施設の従業員にとっては，介護を容易にする意味があり，それぞれ合理的妥当性が認められるといえよう．

　もっとも，夫婦の一方が死亡し，他方の配偶者が入所していて，相続問題で遺産分割に係る紛争の最中にあり，共同相続人から施設に対し，特定人が面会に来たら，入館して面会させないで欲しい旨の要請がある場合に，施設としてこのような要請に法的意味があるかについては問題がある．また，相続人である子の間で残された配偶者の囲い込みが行われ，入所している前記配偶者を実力で連れ出してしまう事態もある．

　こうした事態を視野に入れると，施設側が入所者の情報を秘匿する方向で管理することになる．さらに，入所者の家族以外の者から，施設の従業員に対し，入所者の病状につき尋ねられたときに，説明することは疑問である．

　第3に，入所している者の財産管理は，施設として最も留意する事項の一つである．入所者自身がすでに正常な判断能力を十分に持ち合わせているとは限らず，財産管理についても困難なことが少なくない．そのため，金銭が紛失したといって紛争を生じさせることにもなることがあり，施設における入所者間や施設関係者との信頼関係を損なうことにもなる．そこで，特に金銭をはじめとする貴重品については自分で管理させず，施設が預かり，必要な際に渡すという仕組みにしているようである．

　さらに，それが入所者の日常の金銭に止まらず，まとまった財産の管理になると，難しい問題を生じさせることとなる．特に，特別養護老人施設においては，深刻な問題を含んでいる．将来をも視野に入れて考えると，入所者が死亡したときに生じる相続問題にも深く関わってくる．その場合には，本人に関する幅広い情報を収集しなければならず，しかもそれらのほとんどが通常個人情報である．そうすると，これらの施設がどのように対応すべきかは，個人情報保護法と深く関わることはもとより，弁護士法72条に定める弁護士でないものが，業として法律事項を取り扱うことを禁止する非弁活動

との関係をどのように対処すべきかという新たなきわめて専門的な課題に直面する．一般的には，弁護士を含めた管理委員会のような組織を構築して対応することになるのであろう．

　第4に，入所者が高齢者であるので，急病により生死が危ぶまれる事態に対する対応をあらかじめ用意する必要がある．一般に，高齢者が病状の悪化するのは夜間に多く発生するので，当直に当たっている者は比較的若いものが多く，そうした高齢者を救急搬送した場合に，救急病院の当直医師からどこまで延命措置を施すか打診され，対応に窮することが少なくないという．所要の経費にかまわず延命措置を採ってくれるように望む家族もいれば，安易に延命措置を採られてしまっては，経済的に対応できなくなるので，差し控えて欲しいという家族もいるという．さらに，本人が延命治療は望まない旨事前に意思表示していることもある．そうした場合に備えて，施設としては，あらかじめ家族に面談して，緊急事態における延命措置についてどのように対応すべきかという意向を文書で確認し，保管することが必要である．もっとも，いったん家族の意向確認文書を施設側に提供しても，家族側にも時間の経過とともに事情も変化することがあり得るので，その後になって家族としての意向を変更する旨申し出ることも許容する柔軟な取扱いをすることが必要である．さらに，施設側から定期的に家族に対して提出済みの意向確認文書につき再確認をすることも有効であろう．もっとも，延命治療といっても，それはどこまでをいうのか家族，本人と施設側の間で確認しておかないと，救急病院の医師は判断に迷うことしになり，しいては本人の意思が正確に反映されないことにもなりかねない．そうした視点から見ると，施設側が前述の意向確認書の提供を受ける際に，施設の嘱託医に見てもらって，緊急事態に対処する救急病院の医師が適切に判断できると想定されるか否かにつき，過不足のないように留意する必要がある．情報提供とは，正確な情報の提供であることが前提となる．

　第5に，もともと一人住まいの高齢者を施設に入所させるに際し，病気になったり死亡した場合に連絡すべき身内の者や引取人の連絡先の情報提供

を受けておく必要がある．それでも，当初施設に連絡先として名乗りを上げた者が，いったん入所した後は，意図的に所在をくらますこともあるという．さらには，緊急事態に立ち至ったときに，施設からあらかじめ指定された連絡先にその旨を伝えても，具体的な対応を拒否する場合もあるし，ようやく近親者を捜し当てて連絡すると，自己に連絡してきたことにつき，強い抗議を受けることもあるという．最終的には，入所者の住民票のある地方公共団体の所管部署に対応を協議することとなる．

　第6に，わが国における著しい高齢化社会が急激に加速化しつつあるのに伴い，政府は，「社会保障・税一体改革成案」（後掲〔参考文献〕参照）を策定し，地域の実情に応じた医療・介護サービスの提供体制の効率化・重点化と機能強化を打ち出し，地域包括ケアシステムの構築等在宅介護の充実，ケアマネジメントの機能強化，居住系サービスの充実と，介護予防・重度化予防，介護施設の重点化（在宅への移行）を前面に掲げるに至っている．しかし，それには医療と介護の連携を強化することは，その前提として情報を共有してはじめて，このような地域包括ケア体制を構築することが可能になる．従来の政策は，個々的であり，相互関連性が構築されてなく，情報を共有することと認識を共有することが著しく欠落している．

　特別養護老人ホームや介護付き有料老人ホームに入所していて病気になり，救急病院に搬送され，最も危険な時期を乗り越えると，病院は最大3カ月を過ぎると強く退院を促す傾向にある．ところが，特別養護老人ホームや介護つき有料老人ホーム側は，点滴の管が取り外されることと食事が自分でとれることの2点が満たされないと受け入れられないという．他方，病院側は，救急病院という使命に照らし，すみやかに退院して欲しいこと，退院後の落ち着き先は家族で探して欲しいと要求する．そこで，家族が所要の受け皿を探すことになるが，それは容易なことではない．その背景には，医療と介護の関係機関の間で，高齢者を軸にした情報の共有システムが構築されていないという事情がある．さらに踏み込んでいうと，かりにこうしたシステムを構築すると，医療と介護の関係機関は一人一人の高齢者から逃れるこ

とができなくなり，行きづまってしまうので，それを逃れたいという思惑が見られる．現在では，その空白地帯を生じることによるリスクを高齢者の家族が負っている．その結果，家族がそのリスクを吸収しきれなくなると，高齢者にとって最悪の結末を迎えることとなる．しかし，地域包括ケア体制を構築することとは，切れ目のない連続性のある体制を構築することである．情報を共有するということは，いずれもが連帯して責任を負うことを意味するのであり，それぞれが部分的に責任を負うことを意味するわけではない．それでは，どこかに，空白地帯を生じることになる．問題の解決には，空白地帯を生じさせてはならない．いったん，空白地帯が生じると，すべての体制が一気に崩壊する恐れがある．地域の実情に応じた医療・介護サービスの提供体制の効率化・重点化と機能強化は，関係機関が情報と認識を有することによってはじめて成り立つ政策である．

参 考 文 献

・石井美緒，嶋田英樹，松嶋隆弘編著：『インターネットビジネスの法務と実務』，三協法規出版（平成30年），160頁以下（井奈波朋子執筆）．
・野呂悠登：「ネット広告におけるユーザーデータの取扱いの法的留意点」，ビジネスロー・ジャーナル№139（令和元年），38頁．
・梅本吉彦，小島喜一郎：「e-Learningにおける情報倫理」，情報科学研究№29（専修大学情報科学研究所・平成20年），1頁．
・梅本吉彦：「公証・強制執行・倒産処理手続における個人情報保護（1）・（2・完）」，法曹時報62巻1号・2号（平成22年），特に2号332頁以下．
・梅本吉彦：「情報化社会における民事訴訟法―人の絆と研究の道程―」専修法学論集112号（平成23年），1頁以下．
・厚生労働省「医療・介護関係事業者における個人情報の適切な取扱いのためのガイドライン」（平成16年12月24日通知，平成18年4月21日改正，平成22年9月17日改正）
・厚生労働省「『医療・介護関係事業者における個人情報の適切な取扱いのためのガイドライン』に関するQ&A（事例集）」（平成17年3月28日，以後随時更新）
・「社会保障・税一体改革成案」（平成23年6月30日政府・与党社会保障検討本部，同年7月1日閣議報告）

第2章 情報社会と個人情報保護

内 藤 光 博

2.1 情報社会とプライバシー侵害の問題

2.1.1 情報社会の進展とプライバシー侵害

　今日，都市化による密集した社会生活や複雑な人間関係，あるいはマスメディアの発達やコンピュータ社会の発展などの情報社会の進展に伴い，プライバシーの侵害が大きな社会問題となっている．

　日常生活において他人が，私たちの私生活を覗き見たり，無遠慮に知られたくないことを聞いてきたり，家庭生活や私的な事柄に介入してきたときに，私たちは「それはプライバシーの侵害だ」と思うであろう．また，新聞，雑誌，テレビなどのマスメディアが，有名人の私生活を暴露する記事を掲載したり，放映したりしたとき，しばしばプライバシーの侵害として社会的・法的問題となる．

　さらには，これまでしばしば問題となってきている犯罪報道で，犯罪者の私生活が暴露されたり，犯罪行為には直接には関係のない犯罪者の家族の私生活が暴露されたり，逆に被害者自身やその家族の私生活が暴露され，プライバシー侵害が問題となったりする．

2.1.2 コンピュータの発展と個人情報の流出

　これに加えて，今日のコンピュータ社会の進展につれ，自らの個人情報

（データ）が自分の知らないところで流出し，ダイレクトメールなどが届くと，私たちは，一体誰がどのようにして自分に関する情報を流したのだろうと不安感を抱き，プライバシーの侵害であると考えるだろう．

　このように私たちは，私的な事柄や個人情報が他人に知られることにより，人格を傷つけられ，プライバシー侵害であるという認識を強く持つようになった．こうして現代では，プライバシーという言葉は，私たちの日常生活の中で広く用いられている．辞書的な定義では，プライバシーとは「私事が内密であること．私人の秘密．」（広辞苑（第6版），岩波書店，2018年）とされている．より一般的にいえば「他人に知られたくない個人的な事柄あるいは私生活」を意味する言葉といえるだろう．

　プライバシーは，法的には，民法の人格権の一つとして，また日本国憲法13条が規定している「個人の尊重」や「幸福追求権」を根拠とする「新しい権利」の一つとして，法的保障を受けるとされている．

　プライバシーの問題は，情報社会の進展と関連があり，当初はマスメディアの登場とともに，プライバシーの権利が主張され，20世紀後半になってからは，コンピュータネットワーク社会の登場とともに，社会的にも重要な権利であるとの認識が高まっていった．さらに今日では，コンピュータネットワークのグローバル化により，国際的保障の必要性が強調されるようになってきた．

　本章では，こうしたプライバシーの権利の視点から，情報社会における個人情報保護の問題を論じていきたい．

2.2　プライバシー権の生成と展開

2.2.1　プライバシー権の誕生——ひとりにしておいてもらう権利

　プライバシーが法的権利として承認されたのは，それほど古いことではない．プライバシーの権利が誕生したのは，19世紀後半のアメリカにおいてである．プライバシーが権利として説かれたのは，ジャーナリズムによる個

人の私生活の暴露から個人を保護するためであった.

　当時のアメリカでは, 印刷技術の飛躍的発展により, 新聞や雑誌を中心とする職業としてのジャーナリズムが登場し始めていた. それとともに, 新聞や出版物における情報が商品的価値を持ち始める. つまり営利企業としての新聞社ないし出版社が生まれ, 情報が商品化されていくのである(「古典的な」情報社会の誕生). それに伴い, 政治家や著名人など個人のゴシップを扱う「愚にもつかない低級出版物」, すなわちイエロー・ジャーナリズムと呼ばれる出版物が花盛りとなった. しかしそこでは, 個人, とくに著名人がその標的とされ, 私的領域に属する個人的な事柄が「情報」として暴露され, 大きな社会問題となっていった.

　当時の法律では, これに対処する有効な権利論は存在しなかった. そこで, この状況を打開し, 何とか法的に防御するための法理論が求められていたのである.

　こうした中にあって, 当時の著名な弁護士であったサミュエル・D・ウォーレン（Samuel D. Warren）もまた, その夫人がイエロー・ジャーナリズムによる私生活の暴露に悩まされていた. そこで, ウォーレン弁護士は, 後にアメリカ合衆国連邦最高裁判所裁判官となるルイス・D・ブランダイス（Luis D. Brandeis）とともに, 1890 年に,「プライバシーの権利」と題する論文を,『ハーバード・ロー・レヴュー』という法律専門誌に発表し, はじめてプライバシーという言葉を用い, 法的権利（とくに民事上の権利）としてのプライバシーの権利を提唱した. そこでは, プライバシーの権利を「ひとりにしておいてもらう権利（Right to be let be alone)」と定義し, プライバシー侵害は, この権利に基づいて, 民法上の不法行為となり損害賠償を求めることができると主張した.

　つまり, プライバシーの権利とは, 個人の私的領域に侵入され, 私的事項を「個人情報」として外部に暴露されないよう防御する権利として理論づけられたのである.

　しかし, ウォーレンとブランダイスが意図していたことは, イエロー・

ジャーナリズムに対する批判や法律上の防御のみだけではなく，個人情報の「商品化」に対しても，批判の目を向けており，つぎのように述べている.

　　　「現代の企業活動と技術革新は，プライバシーの侵害を通して個人に精神的苦痛と困難をもたらしてきた. それは単なる肉体的苦痛をはるかに上回るものといえる.」

　さらにウォーレンとブランダイスは，プライバシーの権利の起源を，「自分の考え，意見，感情が他人に伝達される程度」を決定する権利と定めたイギリスの古い判例の中に見出し，その根拠を「人格の不可侵性」に置いた. 現代の憲法学で主張されている，「個人の尊重」の原理（日本国憲法13条）から導き出される「自己決定権」（自分のことは自分で決める権利）に結びつく考え方であり，興味深い.

　以上が，プライバシーの権利が生まれた歴史的背景である. このように見てくると，プライバシーの権利は，欧米における産業革命によってもたらされた情報社会の発達との関連で主張されたのであった.

　実際の裁判では，1931年に，アメリカのカリフォルニア州最高裁判所が，メルヴィン対レイド事件判決で，民法上，プライバシーの権利を「ひとりにしておいてもらう権利」として，はじめて承認するとともに，憲法上の人権としても基礎づけた. この事件は，つぎのような内容である.

　元売春婦であった女性が改心し，社会的に著名なメルヴィン氏と結婚した. その後，彼女はメルヴィン夫人として，社交界でも有名な篤志家となった. しかし，映画会社を経営するレイド氏が，彼女の過去を暴く映画を彼女に無断で製作し，実話として放映した. これに対しメルヴィン夫人は，「ひとりにしておいてもらう権利」としてのプライバシー権の侵害により，精神的・肉体的苦痛を被ったとして，レイド氏を相手取って，5万ドルの損害賠償請求訴訟を起こしたのである.

　これに対し，カリフォルニア州最高裁判所は，彼女の訴えを認め，たとえプライバシーの保護に関する州法がなくとも，「正しい生活者」には「幸福追求権」が保障され，その一つとしてプライバシーの権利がある，と判示し

た．プライバシーの権利を幸福追求権の一つとして，憲法上の人権の一つであると認めたはじめての貴重なケースとなった．それとともに，この判決では，プライバシーの権利の限界にも言及し，ニュース報道や一般の人々の正当な関心に必要な情報，あるいはプライバシーの開示を仕事の一部としている著名人や公職の候補者（たとえば州知事や州議会の議員など）には及ばないとした．この限界は，今日でも，報道の自由との関係で，「公的関心事項」および「公人」の法理として，プライバシー権の保障の限界として支持を受けている[*1]．

　この判決以来，アメリカの判例の中で，プライバシーの権利は具体化されていったのである

　しかし，この伝統的なプライバシーの権利の内容は，それほど明確ではない．1960 年には，アメリカの有名な民法学者であるウィリアム・プロッサー（William Prosser）教授が，それまでのプライバシー権に関する判例を分析し，つぎの 4 つのカテゴリーに分類した．

① 他人の干渉を受けずに隔離されて送っている私生活の領域へ侵入されること（私室の覗き込みや会話の盗聴など）．

② 他人に知られたくない個人的な事実を公表されること（モデル小説など）．

③ ある事実が公表されて他人の目に誤った印象を与えること．

④ 氏名や肖像などが他人によって営利的に利用されること（氏名・肖像の広告への無断掲載など）．

この分類から見ても，プライバシーの権利が多義的な意味を持っていることがわかる．プロッサー教授の分類では，今から見ると，①と②が本来的なプライバシーの権利と考えることができるが，③は名誉毀損の問題，④は氏名権や肖像権といったプライバシーの権利とは区別される権利であるように思われる．

　そこで，プライバシーの権利をかみ砕いていえば，他人に知られたくない個人的な事柄や私生活について，それが「個人情報（personal information）あるいは個人データ（personal data）」という形となって公表されたり，他人に知られたりすることを防ぐ権利といえるだろう*2．つまりプライバシーの権利とは，「個人情報の保護を図る権利」と言い換えることができる．

2.2.2　わが国におけるプライバシー権の生成──『宴のあと』事件

　わが国でプライバシー権が注目を集めたのは，いわゆる『宴のあと』事件である．それまでは，プライバシーについては一般の関心はきわめて低かった．

　東京地方裁判所は，1964 年，この『宴のあと』事件判決で，プライバシーの権利をはじめて認めた．

　この裁判では，作家の三島由紀夫氏が書いた小説『宴のあと』の内容が，プライバシーの侵害にあたるか否かが争点となった．この小説は，元外務大臣で東京都知事選挙に立候補した有田八郎氏について，再婚相手である料亭の女性経営者との間の関係をモティーフにしたモデル小説であったが，仮名を用いつつも明らかに有田八郎氏本人とわかる手法が用いられていた．これに対し，有田氏は，この小説はプライバシー侵害にあたるとして，三島氏と出版社を相手取って，損害賠償と謝罪広告を求めて提訴に及んだのである．

　東京地方裁判所は，日本国憲法 13 条（個人の尊重，幸福追求権）を根拠に，「私事をみだりに公開されないという法的保障ないし権利」があるとし，「その尊重はもはや単に倫理的に要請されるにとどまらず，不法な侵害に対しては法的な救済が与えられるまでに高められた人格的な利益であると考えるのが正当であり，それはいわゆる人格権に包摂されるものであるけれども，なおこれを一つの権利と呼ぶことを妨げるものではない」と判示して，人格権の一つとしてプライバシー権の法的権利性を認め，その侵害に対して出版物の差止や損害賠償が認められるとしたのである．そして，公開された個人に関する事柄が，プライバシー侵害にあたる要件としてつぎのものを挙げた．

　①　私生活上の事実または私生活上の事実らしく受け取られるおそれのある事柄であること．

② 一般人の感受性を基準にして当該私人の立場に立った場合，公開を欲しないであろうと認められる事柄であること，換言すれば，一般人の感覚を基準として公開されることによって心理的な負担，不安を覚えるであろう事柄であること．

③ 一般の人々にいまだ知られていない事柄であることを必要とし，このような公開によって当該私人が実際に不快，不安の念を覚えたことを必要とすること．

すなわち，プライバシーの侵害の成立要件は，私生活上の事実あるいは事実と受け取られるおそれのある事柄について，一般人の感覚を基準として，心理的に不快感や不安感を覚えることがらであり，実際にそうした念を抱いたということ，となる．

そして，東京地裁は，本件の場合，この要件を充たすとして，三島氏と出版社に対し，損害賠償を命じた（東京地方裁判所 1964 年 9 月 28 日判決，下級審民事判例集 15 巻 9 号 2317 頁）．

2.2.3　表現の自由との衝突と調整の原理
(1) 民主社会における「表現の自由」の重要性

このように『宴のあと』事件東京地裁判決では，人格権の一つとしてプライバシー権を認めたが，この事件で問題となったように，表現の自由との関係で，しばしば矛盾・衝突が生じることがわかる．

憲法の学説と判例では，報道の自由を含む表現の自由は，他の基本的人権と比べて「優越的地位」にあると考えられている．

表現の自由は，つぎのような重要な憲法上の価値を持っている．

①自己実現の価値

表現の自由の保障は，様々な情報を国民に伝えることを可能にし，個人はそうした情報に接することにより，知識を増やし，自らの潜在的能力を開花し，「自己実現」を果たすための条件となるという点．

②自己統治の価値

　表現の自由の保障は，各個人が，政治情報を得て，政治への批判能力を養い，政治に対し自由に意見表明することを可能にすることから，民主主義を成り立たせるための基本条件として重要であるとする点．

　この中でも，後者の自己統治の価値は民主主義を基本原理とする憲法にとって最重要の価値を含んでいるので，表現の自由は基本的人権の中でも最も強い保障を受ける「優越的権利」とされている．

　こうした個人の発展と民主主義に直結する権利である表現の自由を充分保障し，民主主義自体を擁護するために，憲法 21 条 2 項では，「検閲」を禁止しており，さらに学説・判例では，裁判所も，違憲立法審査権を行使する際には，表現の自由を規制する法律や行政の行為などについては，表現の自由の価値に充分配慮し，厳しい審査基準で審査し，表現の自由が損なわれないよう配慮するべきであるとされている．

(2) 表現の自由との調整原理

　プライバシー権は個人の人格に結びつく重要な権利であり，他方で表現の自由は民主政治に直結する優越的権利である．しばしばプライバシー権との間で衝突が生じるのは，マスメディアやジャーナリストの報道の自由との関係においてである．しかし，具体的事件の中で両者が衝突した場合，どのように調整を図るべきかという難しい問題が生じる．

　この両者の調整原理をめぐる問題について，憲法学説では，第一に報道された事実が公職の遂行や公的関心の対象となる「公共の利害」に関する事実である場合，第二に報道の対象者が「公職にある者あるいは公選による公職の候補者またはそれに準じる公人」の場合には表現の自由が優位し，対象者が「純粋なる私人」の「私的な事柄」ないし「人に知られたくないセンシティブ情報」が問題となる場合には，プライバシー権が優位すると考えられている（松井茂記：『マス・メディアの表現の自由』，日本評論社（2005），124 頁）．

2.2.4　プライバシー権の展開

　『宴のあと』事件以降，最高裁判所でも，憲法 13 条を根拠に，私生活を

みだりに公表されない権利として，プライバシー権を承認してきている．判例では，つぎのような事柄が，プライバシーの侵害として認められている．

①容ぼう・姿態

1969 年の「京都府学連事件」では，警察官によるデモ行進に参加した私人の無断写真撮影が，プライバシー権の侵害にあたるか否かが問題となったが，最高裁は「個人の私生活上の自由の一つとして，何人も，その承諾なしに，みだりにその容ぼう・姿態を撮影されない自由を有するものというべきである」と判示し，容ぼう・姿態がプライバシー権の保障を受けるとした（最高裁判所大法廷 1969 年 12 月 24 日判決，刑集 23 巻 12 号 1625 頁）．

②前科・犯罪歴

1981 年の「京都市前科照会事件」では，京都市の区長が弁護士法 23 条の 2 に基づく弁護士からの前科の照会の要求が，プライバシー侵害にあたるか否かが問われたが，最高裁は，前科等は「人の名誉，信用に直接かかわる事項であり，前科等のある者もこれをみだりに公開されないという法律上の保護に値する利益を有する」として，前科がプライバシーにあたるとした（最高裁判所 1981 年 4 月 14 日判決，民集 35 巻 3 号 620 頁）．また 1994 年には，いわゆる「ノンフィクション『逆転』事件」においては，犯罪歴にかかわり，実名を使われた人のプライバシーの権利が争われた．最高裁は，「みだりに前科等にかかわる事実を公表されないことにつき，法的保護に値する利益を有するものというべきである」とし，犯罪歴を「みだりに公表されてはならない」私的事項として法的保護を受けるとした（最高裁判所 1994 年 2 月 8 日判決，民集 48 巻 2 号 149 頁）．

③指　紋

1995 年の「外国人指紋押捺拒否事件」では，改正前の外国人登録法による外国人に対する指紋押捺義務が，プライバシーの侵害にあたるか否かが争われた．最高裁は，「指紋は，指先の紋様であり」「性質上万人不同性，終生不変性を持つもので，採取された指紋の利用次第では個人の私生活あるいはプライバシーが侵害される危険性がある」「憲法 13 条は，国民の私生活

上の自由が国家権力の行使に対して保護されるべきことを規定していると解されるので，個人の私生活上の自由の一つとして何人もみだりに指紋の押なつを強制されない自由」を有するものと判示し，指紋もまた，私的事項に属するとした（最高裁判所 1995 年 12 月 15 日判決，民集 49 巻 10 号 842 頁）.

　④氏名・住所

　2003 年の早稲田大学事件では，中国の江沢民国家首席（当時）が早稲田大学での講演会開催にあたり，警察から警備上の理由で，早稲田大学に参加学生の氏名や学籍番号が記載された名簿の提出が求められ，大学が提出したことがプライバシー侵害にあたるかどうかが争われた．最高裁判所は，個人の氏名や住所などの個人情報であっても，プライバシーとしての期待を持ちうるので，大学の提供行為を違法とした（最高裁判所 2003 年 9 月 12 日判決，民集 57 巻 8 号 973 頁）.

　これらの最高裁の判例では，「私事をみだりに公開されない」ことは法的利益であるとして，憲法 13 条により保障されることを確認している.

　わが国では，プライバシーは，憲法 13 条により基礎づけられ，民法上，生命・身体・自由・名誉・氏名・貞操・信用などとならぶ人格的な利益と考えられており，私人間での侵害については民法上の不法行為（民法 709 条）として損害賠償の対象となり，政府が私人のプライバシーを侵害した場合には，国家賠償法上の賠償の対象となることについては，判例上確立されたといってよい.

2.3　高度情報社会の発展と個人情報の保護——その光と影

2.3.1　IT 革命と高度情報社会の発展——そのメリット

　以上のように，ジャーナリズムの発展という情報社会の到来とともに，プライバシーの権利は提唱された.

　しかし，20 世紀に入ると，サイバネティックスの発展に伴い，コンピュータの発明がなされ，とりわけ 20 世紀後半から急速にコンピュータが発達し

た. こうした IT 革命（情報技術革命）により, 新たな情報社会の進展が始まり, 私たちの生活を一変させた [*3].

コンピュータは, 20 世紀中葉に, アメリカで発明された. 本来コンピュータは, 爆弾やミサイルの投下地点を正確に計測するといった軍事目的のための計算機として開発されたが, それが大学の研究目的に転用され, さらに一般社会に普及していった. コンピュータという名前が表しているように, 当初はもっぱら複雑な計算を行う計算機として使用されていたが, 徐々に小型化され, その機能も多様になっていった. コンピュータには, ワープロ機能や情報の集積機能, あるいは通信機能などが加わり, 現在では, パーソナルコンピュータとして, まさに個人が所有できるほど小型化が進み, 価格も安くなり, 私たちが日常生活を送るための不可欠なツールとなっている.

とりわけ情報の集積・加工と通信機能（情報の伝達）は重要である. 1980 年代以降, コンピュータ相互が通信回線を通して相互に結びつくことにより, コンピュータネットワークが, 急速に世界的規模で構築された. そうした IT の発展に伴い, 後述するように,「情報」の社会的・経済的価値が飛躍的に高まった. こうしたコンピュータが社会の隅々にまで浸透し, それらが通信回線を通して, 相互に結びつき, グローバルにネットワーク化され, 情報の価値が高まった社会を「高度情報社会」と呼ぶ. そこでは, デジタル化された情報が世界中に流通するようになった.

それでは, 高度情報社会の発展による情報の社会的・経済的価値の高まりとは, 具体的にどのようなことなのであろうか. 以下, 具体的に説明しよう.

コンピュータのグローバルネットワーク化による高度情報社会の発展に伴い, 私たちは, 政治情報や経済情報, 社会情報から趣味や娯楽に関する情報などあらゆる情報を, インターネットを通して, 世界中から, それも居ながらにして手に入れることができるようになった. e メールを使えば, 時間を気にすることなく瞬時に情報を伝達することができるし, ホームページを開設すれば, 情報の発信者になることもできる. このようにコンピュータの発達は, われわれの生活に大きな利便をもたらした.

　また，経済の上でも，コンピュータは大きな威力を発揮するようになった．すなわち，「もの」を生産する側である企業が，もし消費者のニーズがあらかじめ予想でき，それにあわせて「もの」を生産できれば，企業の利益は上がり，生産した「もの」の価格も安く押さえることができるであろうから，消費者にとっても利益となる．そうすれば，企業の利益は飛躍的に高まることになる．そこで，企業はさかんに市場の調査を行い（マーケティング），消費者のニーズを獲得しようとする．自動車会社が車を作る場合，たとえば30代の男性をターゲットにした車を生産するにあたり，平均的な30代男性が，年収がどのくらいであり，家族は何人で，どのような用途のためにどんな車を求めているかがわかれば，自動車会社はそれに合わせた車を開発し，効率よく売ることができる．つまり，消費者である個人情報の収集と分析が，企業活動には経済的利益を高めるために決定的に必要なこととなったのである．すなわち，「個人情報」が企業にとっての経済的価値を持ったのである．そしてそのためのツールとしてのコンピュータは，大量の個人情報を集積・分析することを可能にした．

2.3.2　高度情報社会とデータバンク社会の到来──そのデメリット

　「高度情報社会」の出現は，前述のように，たしかに私たちの生活に大きなメリットをもたらすという光の部分を持っている．しかし，それとは裏腹に，つぎに述べるような，大きなデメリットをももたらすこととなった．

　コンピュータは大量の個人情報を集積し，加工し，伝達することを可能にした．各省庁，警察，地方自治体をはじめ，病院，学校，企業など，あらゆる社会組織が個人情報のデータバンク（個人データの銀行，すなわち個人情報が集積している組織のことを表す言葉）と化しており，われわれが知らないところで自らの個人情報が収集され，様々な目的のために使用あるいは加工され，自分が知らないうちに他者に伝達されている．これがデータバンク社会であり，つぎのような背景からこうした社会が出現した．

　第一に，20世紀中葉に世界的に出現した福祉国家は，社会福祉サービス

を国民に保障したり，あるいは徴税のために，人々の氏名，住所，年齢，家
族構成，職業，年収など様々な個人情報の国家への集積をもたらした．ある
いは国政調査は定期的に個人情報を収集・更新する機能を果たしているし，
警察も膨大な個人情報を蓄積している．

　つまりこのことは，国家や地方自治体自体が巨大なデータバンクと化して
いったことを物語るものである．さらに国家や地方自治体以外にも，企業，
病院，学校など，社会のあらゆる組織が，その目的の実現のために個人情報
を収集することによって，データバンクとなり，それらがネットワークを通
して相互につながることにより，技術的には，社会全体が一つの巨大なデー
タバンクを形成したのである．それにより，自分の知らないところで，あら
ゆる個人情報が収集・利用・伝播され，プライバシーにとって大きな脅威が
もたらされた．

　第二に，個人情報が，企業活動に欠くことのできない重要な要素となった
ことから，個人情報が財産的価値を持ち，「個人情報の商品化」がもたらさ
れたことである．つまり，個人情報が企業の経済活動にとって決定的な重要
性を荷うことになることにより，個人情報が商品として売買されるように
なったのである．こうして，自己の個人情報が，自らが知らないところで収
集されたり，利用・伝播されたりしているのである．私たちは，日常的に多
くのダイレクトメールが送られてくるが，それらは氏名や住所，性別など，
私たちが教えたことのない企業からのものがほとんどである．これは，私た
ちの個人情報がどこかで流出し，自分の知らないところで利用されているこ
とを意味する．

　こうしたデータバンク社会の出現および個人情報の「商品化」によりもた
らされるプライバシー侵害の危険性については，具体的につぎの点が問題と
なろう．

　第一に，個人にとって，自己に関する記録が，どこにどんな形で保存され
ているか不明なことは危険かつ不安であることである．

　第二に，誤った情報の入力，不完全な情報，あるいは古くなった記録の残

存等によって利用者に誤った認識を持たせ，さらには個人に関する誤った決
定を行わしめるおそれがあることである．

　第三には，特定の目的のために，それ自体は個人の同意に基づいて集めら
れた情報が各機関相互に交換されたり，一箇所に集中されたりする場合には，
情報の流用や目的外使用の可能性が生ずるという点である．

　第四には，集積された個人の記録は，コンピュータネットワーク化により
誰でもが入手・加工が可能になる状態が作り出されることにより，盗難や悪
用のおそれがあるうえ，さらにそうした悪用が発見されにくいという点で，
安全性が懸念されることである．

　このような高度情報社会のプライバシー侵害の問題は，われわれに目に見
えない形で脅威や不安をかきたてているといえる．

　本来個人情報は，自分のものであるはずであり，それを誰にどの範囲まで
伝えるかは，本人の意思と自己決定に基づくものである．つまり，個人情報
は本来，自分でコントロールできるはずのものである．しかし，上述のよう
に，高度情報社会では，個人情報が自分でコントロールできないような状況
が生み出されてしまったのである．ここでは，ジャーナリズムとの関係とは
違った形で，個人のプライバシー侵害の問題が生じてきた．

　そこでは，どこに自分の情報があるのか，どのように保存され，どのよう
に使われているのか，あるいは誰にどのようにして伝えられているのかがわ
からない状況が生み出されたのである．ここに，高度情報社会がもたらした
影の部分を見ることができる*4．

2.4　現代的プライバシー権の提唱──自己情報コントロール権

2.4.1　自己情報コントロール権の提唱

　「高度情報社会」では，もはやプライバシーの権利を「ひとりにしておい
てもらう権利」という消極的な権利として捉えるのでは，個人情報の保護を
図れない状況になってきた．なぜなら，自分の目に見えないところで他者に

より，個人情報が収集され，利用されるようになってきたからである．

こうした状況に対し，いち早く高度情報社会が出現したアメリカでは，プライバシーの権利に対する再定義が行われた．アラン・F・ウェスティン(Alan F. Westin)教授は，つぎのようにプライバシーの権利の新たな定義を行った．

「プライバシー権とは，個人，グループまたは組織が，自己に関する情報をいつ，どのように，また，どの程度他人に伝えるかを自ら決定できる権利である．」(Westin, Alan F., Privacy and the Freedom, 1967, p.7)

この新しい定義は，プライバシーの権利を，これまでの「ひとりにしておいてもらう権利」という消極的な権利ではなく，より積極的に自己の情報を自ら伝えること（あるいは伝えないこと）を決定する権利，いわゆる「自己情報コントロール権」とし，現実の問題状況に対応しようとしたところに大きな意義があるといえる．

このような新しいプライバシーの権利の考え方は，各国で認められ，ほぼ同様の理論構成がされている．たとえば，ドイツにおいても，個人情報の保護を求める権利を「情報自己決定権（Informationelle Selbstbestimmung）」と呼び，「法により，自らのデータには物的支配，すなわち多少なりとも具体化されたデータには処分権（Verfugungsrecht）が保障される」と理論構成されている．そしてこの個人情報に関する処分権に基づいて，「個人が，いかなる情報を，どのような方法で，他者に伝えるかを自ら決定しうる権利」が保障されるとしている．

わが国の憲法の学説でも，憲法 13 条の幸福追求権を根拠として，プライバシーの権利を「自己情報コントロール権」として理解する考え方が通説とされている．つぎに，その代表的な学説の見解を見ておこう．

まず，人間の道徳的自律の視点から，自己情報コントロール権を基礎づけた見解がある．それによると，つぎのように説明されている．

「（プライバシーの権利は，）個人が道徳的自律の存在として，自ら善であると判断する目的を追求して，他者とコミュニケートし，自己の存

在にかかわる情報を開示する範囲を選択できる権利として理解すべきものと思われる．かかる意味でのプライヴァシーの権利は，人間にとって最も基本的な，愛，友情および信頼の関係にとって不可欠の環境の充足という意味で，まさしく『幸福追求権』の一部を構成するにふさわしいものといえる．」（佐藤幸治：『日本国憲法論』，成文堂（2011），453-452 頁．）

また，個人の尊厳や自己完結性の視点から位置づけ，プライバシーの権利をつぎのように捉える見解もある．

　「人間は，自己の尊厳・自己完結性（インテグリティ）を確保しながら，他者と共生しつづけるのであるが，その際自己を他者に対してどう表出するかという点に関し，自分が判断し決定するものでなければ，自己の尊厳を確保し自己を完結すること（自己を自己たらしめていること）はできない．ひとは，向き合う他者それぞれのコンテクストの次第によって，自己を開いたり閉じたりする．見境なく自己のすべてを開きっ放しでも，逆に，誰に対しても自己を閉じたままであるのも，どちらとも健全とはいえない．プライヴァシーの権利は，人間が一個の個性を持つ存在であるために，他者に対して自己を開いたり閉じたりする能力を確保するために保障されてしかるべきものなのである．」（奥平康弘：『憲法Ⅲ—憲法が保障する権利』，有斐閣（1993），107-108 頁．）

こうしたプライバシーの権利に関する理解は，「個人の自律性」や「個人の尊厳」，そして幸福追求権の一つとしてプライバシーの権利を捉えつつ，ウェスティン教授の「自己情報コントロール権」としての「情報プライバシー権」の定義に合致するものといえる．

人間は他者と一定の距離を持ち，他者とコミュニケートを図り，個としての自律性を育みながらアイデンティティーを形成していくものである．そして，人は誰でも，他者に知られたくない精神世界や私的領域を持っている．親や妻ないし夫，恋人や親友といえども入ってきて欲しくない自分だけの精神世界や私的領域を確保し，そこで自分を取り巻く世界や生き方を考え，自

分なりの世界観や人生観を形成しつつ，自らが幸福と考える人生を歩むべく努力する．それが人間の精神の発達がたどり着いた到達点である．そしてそのことが，唯一人間のみが，生物の中で，科学技術や学問を発達させ，文明を形成することができた源泉であると思われる．

　プライバシーとは，こうした他者に知られたくない，あるいは介入して欲しくない精神世界や私的領域のことであろう．そして，以上のような人間の有り様こそが「個人の尊厳」や「人格の不可侵」としてプライバシーの権利が位置づけられる理由であると考えられる．初期のプライバシーの権利の定義が「ひとりにしておいてもらう権利」とされたことは，こうした哲学的な背景に裏づけられたものであろう．

　そうした他者に知られたくない自分だけの精神世界，あるいは私的領域に属する事柄が，他者に「情報（個人情報）」として伝えられるということが，プライバシーの侵害行為（あるいはプライバシーの権利の侵害）であるといえる．しかし，今日の高度情報社会では，個人情報がもはや自らコントロールできなくなったことにより自分の精神世界や私的領域を自ら守れなくなった．そして，そのことにより，個人は自らの精神世界が破壊され，健全なる精神活動を行えなくなってきたのである．

　このように考えると，プライバシーを守ることは，人間を「かけがえのない個人」として尊重することであり，個人の自律を確保するための条件であるといえる．その意味で，プライバシーを守ることは，人間が精神的に自由であるための条件であると考えられる．そして，そうであるがゆえに，プライバシーの権利が，日本国憲法13条が規定する「個人の尊重」あるいは「幸福追求権」から導き出される重要な権利であるといえるのである．

2.4.2　自己情報コントロール権の内容

　こうして，自らのプライバシーを守るためには，すでに自己のコントロールの外に置かれてしまった個人情報を，再び自らのコントロールのうちに置かなくてはならない．プライバシーの権利は，もともとは「ひとりにしてお

いてもらう権利」という消極的な権利として構成され，その救済も事後的な損害賠償であったが，コンピュータネットワーク社会の進展とデータバンク社会の到来に対応して「自己情報コントロール権」として再構成され，その救済も事前の防止に力点が置かれ，被害者が積極的にその救済を求める請求権として構成される必要が生じた．その内容は，つぎのようにまとめることができよう．

　第一に，個人情報の収集にあたっては，本人の事前の同意なしには収集することはできない．そして，収集の目的が明確で，かつ収集方法も正当でなければならないこと．

　第二に，自己情報についての本人の請求権であり，つぎの権利が保障される．

① 自己情報の閲覧請求権，つまり，自らのどのような内容の個人情報が集積されているかについて閲覧を求める権利．
② 誤った情報が保存されていた場合の訂正請求権．
③ 自分が明かしたくない情報が収集されていた場合の削除請求権．

　第三に，自己情報についての利用や伝播を抑制する権利として，つぎのものが保障される．

表 2.1　伝統的プライバシー権と現代的プライバシー権の比較

	伝統的プライバシー権利	現代的プライバシー権
定　義	ひとりにしておいてもらう権利 みだりに私事を公開されない権利	自分の情報をコントロールする権利 （自己情報コントロール権）
性　質	ある個人情報が他人に知られたくないものであるか否かという情報の内容に対する保護	個人情報の収集・蓄積・利用・伝播といった情報の流れに対するコントロール権
対　象	おもにマスメディア	コンピュータによる個人情報処理を行う国家機関や私的団体
救済方法	損害賠償による事後的救済	プライバシー侵害に対する事前の防止

［石村善治・堀部政男 編：『情報法入門』（法律文化社，1999 年）82 頁掲載の同趣旨の表をもとに，筆者が作成］

①　自己情報を目的以外に使用することをやめさせることを請求しうる目的外使用抹消権.

②　目的以外に伝播することをやめさせることを請求しうる伝播抑制請求権.

そして，このような請求権としての権利を実現するためには，それを具体的に保障する立法（個人情報保護法ないしデータ保護法）の制定が必要となる.

2.4.3　個人情報とは何か

(1)「個人情報」の定義

これまで述べてきたように，高度情報社会の到来により，新しいプライバシーの権利の定義が必要になり，個人情報を自らコントロールする権利，すなわち「自己情報コントロール権」として再定義がなされるに至った.しかし,自己（個人）情報とは果たして何を意味するのかという問題については,必ずしも明らかではない.

この点について,2005年に施行されたわが国のいわゆる「個人情報保護法」によれば,「個人情報」とは,「生存する個人に関する情報であって，当該情報に含まれる氏名，生年月日その他の記述又は個人別に付された番号，記号その他の符号により当該個人を識別できるもの（当該情報のみでは識別できないが，他の情報と容易に照合することができ，それにより当該個人を識別できるもの）」（2条1項）と定義されている.

また諸外国の個人情報保護法ないしデータ保護法も，個人情報（データ）について，同様な定義をしている例が多い.たとえば，1977年に制定された旧・西ドイツの「連邦データ保護法」では，個人データの定義を「特定の,または特定できる自然人（当事者）の人的または物的状況に関する個々の情報をいう」（第2条）としている.また,フランスで1978年に制定された「データ処理，データファイル及び個人の諸自由に関する法律」も，個人データを「その処理が自然人によって行われるか法人によって行われるかにかかわら

ず，いかなる形態であれ，直接または間接を問わず，データにかかわる自然
人を識別しうるデータをいう」（第4条）と定義している．

　これらの法律では，「個人情報」を「個人を識別できるもの」に限定して
いるように読める．しかし，個人情報の概念はもっと広範なものと思われる
のである．

　個人情報は，氏名や生年月日，個人を特定できる符号など「個人識別情報」
と「個人の私的事項にかかわる個人情報（いわゆる「プライバシー情報」）」
に大別できるであろう．

(2) プライバシーと個人情報との違い

　ここで疑問を感じるのは，これまで述べてきたプライバシーと個人情報と
は異なる概念なのかどうかという点である．これまでわが国では，両者をと
くに区別することなく使われてきたように思われる．

　プライバシーの権利の定義は，上述のように，論者により異なるが，個人
の人格の尊重という視点から構成されていることでは一致している．また
2005年の「個人情報保護法」では，「個人情報は，個人の人格尊重の下に慎
重に取り扱われるべきことにかんがみ，その適正な取り扱いが図られなけれ
ばならない」（3条）とうたわれている．いずれも，憲法の個人の尊重原理（13
条）や民法上の人格権にかかわる重要な法益と考えられていることは明らか
である．

　しかし，上述のように，わが国の個人情報保護法では，「個人情報」を「個
人識別情報」としていることから，「私事をみだりに公開されない権利」と
定義された伝統的プライバシー権により保障される「プライバシー情報」は
包括されないように思われる．「個人情報」と「プライバシー情報」は重な
り合うものの，後者は氏名・年齢・住所などの個人識別情報を指す個人情報
よりも広い概念ということができ，個人情報をも包摂する包括的概念という
ことができるだろう．

2.4.4 センシティブ情報保護の重要性

(1) センシティブ情報とは何か

　また,「プライバシー情報」ないし「個人情報」という場合,その情報の性質にかかわらず,一律に保護されうるのか,あるいはとくにその中でも手厚く保護がなされなければならない情報があるのではないかについては,議論がある.いわゆるセンシティブ情報,すなわち「重要な個人情報として取扱いに際し,とくに慎重を要する個人情報」,あるいは「自分の意思によらない限り,他人に知られたくない個人情報」については,とくに手厚い保護を要するのではないかという議論である.

　憲法の学説では,センシティブ情報に関し,その保障のあり方には議論がある.この点につき,センシティブ性の強弱に基づき,「個人情報」ないし「プライバシー情報」をつぎのように二分化して考える学説がある.

　第一に,個人の道徳的自律と存在に直接かかわる情報で,人の精神過程とか内部的な身体状況等にかかわる高度にコンフィデンシャルな性質の情報で,政治的・宗教的信条にかかわる情報,心身の状況(病気など)にかかわる情報,犯罪歴にかかわる情報などセンシティブ性の高い情報を「プライバシー固有情報」とする.

　第二に,道徳的自律にかかわらないセンシティブ性の低い情報を「外延情報」という.

　そして,原則的には「固有情報」は収集が禁止されるが,どうしても必要な政府の政策のために収集が正当化される場合においても,政策を実行するための範囲を超えて,利用または提供されてはならないとされる.また「外延情報」であっても道徳的に自律した存在としての個人の生活様式を危うくするような形で収集・利用されてはならないとする(佐藤幸治:『日本国憲法論』,有斐閣(1995),454-455頁).

　これに対して,別の学説ではつぎのように論じている.

　第一に,ある個人情報がセンシティブであるかどうかについての一般原則を定めることはきわめて困難であるので,個人情報をすべて保護の対象とす

る.

　第二に，その収集，保有，利用ないし開示についてプライバシー権の侵害が行われたかどうかが争われたときには，(a) 誰が考えてもプライバシーと思うものが侵害された場合，政府の政策のためにどうしても必要性が認められない限り，収集・保有・利用は認められない，(b) その他一般的にプライバシーと思われる情報の侵害が争われたときには，その侵害の理由の合理性を厳格に審査し，それが妥当と考えられた場合には収集・保有・利用が許される（芦部信喜：『憲法学Ⅱ人権総論』，有斐閣（1994），382-383頁）.

　これらの学説は，個人情報の範囲を限定することによって，プライバシーの権利をより明確にしようとする試みであるが，はたして，この基準によってセンシティブ情報であるか否かを特定できるかは疑問である．前者の考え方については，「道徳的自律に関する個人情報」とは何かが明確ではないし，後者の考え方については，「誰が考えてもプライバシーと思うもの」という定義はきわめて不明確であるからである．また，個人情報のセンシティブ性の強弱については，個人や民族，あるいは男女の差や世代間などで，その情報に対する考え方や捉え方には差が生じうる．たとえば，ある個人にとっては，自分の出生地に関する情報はセンシティブな情報であったとしても，他の者にとってはセンシティブな情報ではないと感じるかもしれない．あるいは，学歴や病歴は，個人間でセンシティブか否かについての感じ方が分かれるであろう.

　したがって，両者を区別することはきわめて困難である．各国で制定されたプライバシー保護立法や国際条約の中には，センシティブ性の非常に高い個人情報について，厚い保護を求めているものもある.

　たとえば，イギリスの1984年制定の「データ保護法」では，人種，政治的意見または宗教やその他の信条，肉体的もしくは精神的健康状態や性生活，犯罪歴について，強い保障を規定している．また1985年に発効された「個人のデータの自動処理に関する個人の保護のための条約（ヨーロッパ評議会協定）」第6条では，「特別の種類のデータ」と題して，「人種，政治的意見

または宗教その他の信条を明らかにする個人データ及び健康または性生活に関する個人データは，国内法により適当な保護措置がとられない限り，自動処理することはできない．刑事有罪判決に関する個人データについても同様とする」と規定している．

　この点で興味深いのは，1998年に改正されたスウェーデンの個人情報保護法である．スウェーデンでは，旧法である1973年「データ法」でも，個人に犯罪歴や病歴，性生活や社会福祉受給に関する個人情報，そして人種，政治的意見，信仰や信条に関する個人情報については，とくに強い保護が求められていた（第4条）．新しい個人情報保護法は，後述する「EU個人情報保護指令」に基づき，制定されたものである．この法律では，個人情報を「処理情報の対象となっている生存者に関する直接的または間接的なすべての情報」と規定し，「特殊個人情報」についての特則を規定している．

　同法における「特殊個人情報」とは，センシティブ情報，犯罪に関係する個人情報，個人番号情報および整理番号のことを指す．ここにいうセンシティブ情報とは，人種，出自，政治的または宗教的信条，思想，所属労働組合に関する情報，個人の健康状態に関する情報および性生活に関する情報のことを指す（第13条）．また，その他被記録者の肌の色に関する情報，信仰する宗教の有無といった情報，被記録者の過去，現在，将来の健康状態に関する情報，過去の麻薬やアルコール依存症に関する情報もセンシティブ情報と考えられている．これらについては，被記録者の同意を得ている場合，ないし被記録者が自己のセンシティブ個人情報を明確な方法で公開している場合以外，収集・利用・伝播が禁止されている（第15条）．

(2) センシティブ情報の範囲と保障のあり方

　センシティブ情報とそれ以外の情報に分けるのは，その国の文化やものの考え方，あるいは個人の考え方によっても大きく異なると思われるが，思想・信条・宗教などに関する個人情報はたいへんにセンシティブな情報だと思われる．やはり，センシティブな個人情報とそれ以外の個人情報は区別すべきであろう．

　それでは一体何を基準にして，センシティブ情報とそれ以外の情報を区分すればよいのであろうか．プライバシーが人権保障の基礎である「個人の尊厳」に直接結びつくものであるとするならば，センシティブ情報は，やはり人権を基礎として考えるべきであろう．前述の憲法の学説でもいっているように，基本的にはすべての個人情報を保護の対象とすべきではあるが，プライバシーがすべての人権の基礎を成していることを考慮すると，「内心の自由などの精神的自由権で本来国家権力や第三者が介入し得ない領域に属する個人情報」あるいは，「第三者に知られることにより，個人の基本的人権を侵害してしまうおそれがある個人情報」には手厚い保護を要すると考えるべきであろう．それには以下のものが挙げられるであろう．

　第一には，思想・信条・宗教に関する情報，ないしはものの考え方（価値観）に関する個人情報であり，これらは精神的自由権として保護を与えられるべきもの（これには，性生活のあり様も価値観の一つとして含まれよう）．

　第二には，政治的，経済的，社会的差別の原因となる人種・民族や社会的身分，あるいは性生活や健康状態に関する情報．これもセンシティブなものであり，人権侵害に結びつくおそれのあるものと思われる．

　これらセンシティブ情報は，その理由はどうであれ，原則として収集が禁止されるべきである．それ以外の個人情報については，収集において，個人の同意を得，かつその目的および手段が適切であること，そして上記の自己情報コントロール権を認めた上で，収集は容認されるべきであるが，目的以外の使用や第三者への伝達は禁止せられると考えるべきであろう．

2.5　個人情報保護の国際的動向

2.5.1　プライバシー権の国際的保障の流れ

　第二次世界大戦後，平和な国際社会の実現のために，国際連合を中心に，国際人権保障の必要性が強調され，人類普遍の原理として基本的人権の保障が確認された．以来，国際人権宣言や人権条約により，徐々に基本的人権の

成文化が達成され，国際人権法の枠組が構築されていった．

その中で，プライバシーや家族，家庭など私事にかかわる事項について，当初より，基本的人権として保障されるべきであるとの認識が形成され，普遍的価値を有する人権の一つとして，国際人権宣言や国際人権条約で認められてきた．

まず，第二次大戦後初の国際人権宣言として，1948年の第3回国連総会で採択され，その後の国際人権保障の基準とされた世界人権宣言では，その第12条が，つぎのように規定している．

　「何人も，自己のプライバシー，家族，家庭もしくは通信に対して欲しいままに干渉されること，あるいは名誉及び信用に対する攻撃を受けることはない．すべての人は，このような干渉又は攻撃に対して法の保護を受ける権利を有する．」

こうして，家族や家庭への干渉，通信の秘密とならんで，プライバシーの権利が法的権利として保障されることが，はじめて国際的に認められた．1950年の，いわゆるヨーロッパ人権条約では，第8条でつぎのように規定している．

　「何人も，その私的な家庭の生活，住居及び通信の尊重を受ける権利を有する．」（1項）

　「法律に合致し，かつ，国の安全，公の安全又は国の経済的福利のため，無秩序又は犯罪の防止のため，衛生又は道徳の保護のために，民主的社会において必要であるものの外は，この権利の行使に対していかなる公権力による干渉もあってならない．」（2項）

また，1966年の第21回国連総会で採択された国際人権規約B規約の第17条も，つぎのように規定している．

　「何人も，その私生活，家族，住居若しくは通信に対して恣意的に若しくは不法に干渉され又は名誉及び信用を不法に攻撃されない．」（1項）

　「すべての者は，1項の干渉又は攻撃に対する法律の保護を受ける権利を有する．」（2項）

さらに 1969 年の米州人権条約第 11 条も，同様な規定を置いている．

「すべて人は，名誉を尊重され尊厳を承認される権利を有する．」（1 項）

「何人も，私生活，家族，住居若しくは通信に対して恣意的に若しくは侮辱的に干渉され，又は名誉若しくは信用を不法に攻撃されない．」（2 項）

「すべて人は，2 項の干渉又は攻撃に対する法律の保護を受ける権利を有する．」（3 項）

次いで，1990 年に国連で採択された子どもの権利条約（児童の権利に関する条約）16 条でも，プライバシー権の保障が規定されている．

「いかなる児童も，その私生活，家族，住居若しくは通信に対して恣意的に若しくは不法に干渉され又は名誉及び信用を不法に攻撃されてはならない．」（1 項）

「児童は，1 項の干渉又は攻撃に対する法律の保護を受ける権利を有する．」（2 項）

このように，世界人権宣言をはじめとする多くの人権条約では，いずれもプライバシーの権利，および私生活，ならびに家族や家庭に対する干渉を受けない権利を認めている．これらの権利は，「ひとりにしておいてもらう権利」という伝統的なプライバシーの権利のカテゴリーに入るものといえよう．

こうしたプライバシー権の国際的保障の流れの背景としては，第一にナチズムやファシズムなど全体主義の経験から，個人の尊厳を維持し，民主主義を護るために，個人の私的領域や私的事項が国家により蹂躙されてはならないと考えられたこと，第二には，個人の尊厳を守るための中核的権利としてプライバシーの権利が位置づけられたことが，主要な要因として存在したものと考えられる．

2.5.2　情報のボーダレス化と OECD8 原則

(1)　情報のボーダレスな流通と国際共通基準の策定

20 世紀の後半には，高度情報社会の出現は，「情報のボーダレス化

(Transborder Data Flows)」を生み出した．なぜなら高度情報社会においては，情報の伝播・流通は一つの国に止まるのではなく，通信回線を通してコンピュータが相互につながれ，グローバルなコンピュータネットワークが作り出され，このネットワークを通して情報は瞬時に全世界を駆け巡るようになったからである．この情報のボーダレス化に伴い，当然のことではあるが，個人データ流通のボーダレス化も進んだ．またこうした「情報のボーダレス化」は，一方で国際的かつ巨大なデータバンクを作り出し，国際的なプライバシー侵害の危険性を生じさせている．そして，そのことは，プライバシー権侵害をより深刻なものとした．なぜならば，もはやプライバシーの権利の保障あるいは個人データの保護は，各国の法制度だけでは不充分となり，国際的保障が必要となるからである．かくして，プライバシー権の保護は，国境を越えて国際的な共通の基準が必要とされることになる．

　それに呼応して，1970年代以降，欧米諸国では，データ保護法やプライバシー保護法などの立法化が進んだ（後掲，表2・2「各国の個人情報保護法制定年表」参照）．そうした立法は，各国で原則が異なれば，逆に「自由な情報の流れ」を阻害しかねない．

　またそれとは別に，経済的な問題からも国際的なプライバシー保護の機運が高まった．1970年代，情報産業で優位に立っていたアメリカは，グローバルな「高度情報社会」を実現し，その担い手であるアメリカの情報産業は世界のマーケットを支配しつつあった．そして，個人情報立法の整備されたヨーロッパ諸国との間で，経済的利益をめぐり軋轢が生じたのである．もう少し詳しくいえば，ヨーロッパでは，個人情報保護法の中に，国外で個人データの収集・利用・伝播を制限する規定を設けるものが現れ，その結果として，多くの多国籍企業を有し，グローバルなコンピュータネットワークを張り巡らしつつあったアメリカ企業は，ヨーロッパにおける経済活動に制限が加えられることになったのである．

(2) OECD8原則
　こうした問題は，もはや一国だけでは調整のつかない国際問題となって現

れてきた．これらの問題の解決のためには，個人情報の保護に関する国際的な調整と統一の原則の確立が必要となる．一方で，世界的な「自由な情報の流れ」を確保するとともに，他方で，個人情報の商品化が進む中で，プライバシー侵害のグローバルな広がりを防ぐ方策を打ち立てる必要に迫られたのである．

そこで，共通の原則に立ったプライバシー権の国際的な保護の必要性がでてきた．この調整を委ねられたのが，OECD（経済協力開発機構）である．1980年，OECDは，国際的なプライバシー保護のために，基本原則を各国で認めるよう，「プライバシー保護と個人データの国際流通についてのガイドラインに関する理事会勧告」を採択した．いわゆる「OECD8原則」と呼ばれる基準である．

このガイドラインは，個人データを「識別された又は識別されうる個人（データ主体）に関するすべての情報」と定義し，個人情報保護のためにつぎの原則を定めた．

① 収集制限の原則：いかなるデータの収集も，適正かつ公正な手段によって，かつ適当な場合には，データ主体に知らせ，または同意を得た上で収集されるべきとする原則．

② データ内容の原則：個人データは，利用目的に必要な範囲内で正確，完全であり，細心なものに保たれなければならないとする原則．

③ 目的明確化の原則：個人データ収集の目的は，収集時よりも遅くならない時点で明確にされなければならず，その後の利用は，当該収集目的の達成または収集目的に矛盾せず，かつ目的の変更ごとに明確化された他の目的達成に限定されるべきであるという原則．

④ 利用制限の原則：データ主体の同意がある場合，または法律の規定による場合，個人データは，目的明確化の原則の例外が認められるとする原則．

⑤ 安全保護の原則：個人データは，その紛失もしくは不正なアクセス・破壊・使用・修正・開示等の危険に対し，合理的な保護措置がとられな

ければならないとする原則.

⑥　公開の原則：個人データに係わる開発・運用および政策については，一般に公開されなくてはならず，個人データの存在，性質およびその主要な利用目的とともにデータ管理者の識別，通常の住所をはっきりさせるための手段が容易に利用できなければならないとする原則.

⑦　個人参加の原則：個人はつぎの権利を有する.（a）データ管理者が自己に関するデータを有しているか否かについて，データの管理者またはその他の者から確認を得ること，（b）自己に関するデータを，合理的期間内に，もし必要なら，過度にならない費用で，合理的な方法で，かつ自己にわかりやすい形で，本人に知らしめること，（c）上記（a）および（b）の要求が拒否されたとき，その理由が示されること，（d）自己に関するデータに対して異議を申し立てること，およびその異議が認められた場合には，そのデータを消去，修正，完全化，補正させること.

⑧　責任の原則：データ管理者は，上記の諸原則を実施するための措置にしたがう責任を要するとする原則（データ管理者は，国内法によって個人のデータの内容および利用に関して決定権を有する者を意味し，そのような管理者またはその代理人によって，収集，蓄積もしくは流布されるかどうかは問わない）.

この OECD8 原則は，コンピュータの発展に伴う高度情報社会の進展に対応する形で，プライバシーの権利を「自己情報コントロール権」としての位置づけ，その基本原理を明らかにしたものと見ることができる.この基本原則は，個人情報保護の国際共通基準として，その後の各国の個人情報保護制度に大きな影響を及ぼすことになった.

2.5.3　EU 個人情報保護指令の意義とインパクト

（1）指令が出されるまでの経緯

OECD8 原則は，個人情報保護の国際的基準として，各国の個人情報保護

法制に大きな影響を与えた．ヨーロッパでは，ヨーロッパ評議会が，この
OECD8 原則とほぼ同様の内容を含む，「個人データの自動処理に係る個人
の保護に関する条約」を 1980 年に採択し，1985 年に発効させた．この条
約は，個人データ処理機関に対する規制，個人データの収集・蓄積・伝播に
対する制約，個人情報の安全性や正確性の確保などを含んでおり，当時の
EC（欧州共同体）構成国に個人情報保護に関する共通のルールを求めるも
のであった．

　こうした個人情報の保護の国際的基準の策定への流れを受け，ヨーロッパ
統合後，欧州連合（EU）は，OECD8 原則や「個人データの自動処理に係
る個人の保護に関する条約」をさらに具体化し，それを集大成する形で，個
人情報に関する一つの原則を打ち出した．1995 年にヨーロッパ議会および
理事会は，「個人データ処理に関わる個人の保護及び当該データに関わる個
人の保護及びデータの自由な移動に関する欧州議会および閣僚理事会の指令
（Directive of the European Parliament and of the Council on the protec-
tion of individuals with regard to the processing of personal data and on
the free movement of such data）」（以下，「EU 個人情報保護指令」という）
を採択したのである．この指令により，EU 構成国に，個人情報の保護と自
由な情報の流れを確保するための立法措置を講ずることが義務づけられるこ
とになった．

　これは指令（Directive）であるので構成国に直接的に適用されるもので
はない．指令（「命令」と訳されることもある）とは，ヨーロッパ共同体に
関する条約上の義務を実施するために，閣僚理事会または欧州委員会が，構
成国に対し，当該構成国が自らの立法手段を用いて実施することを命ずるも
のであり，達成されるべき結果についてのみ構成国を拘束するものであるの
で，結果達成のための方法と形式については当該政府の自由裁量に委ねられ
るとされている．したがって，EU 指令に基づき各国により実施された結果
が EU 指令に合致すればよく，その手段は EU 構成国の自由裁量に委ねら
れる．

　このEU指令では，各構成国に，3年以内に指令に基づく個人情報に関する立法および改正を求めるという厳しい内容のものであった．

　つぎに時系列的に，その経緯を追ってみよう．

　まず，1990年7月，EC理事会（Council）は，「個人データ処理に係わる個人の保護に関する理事会指令提案（Proposal for a Council Directive concerning the protection of individuals in relation to the processing of personal data）」を採択した．

　1993年11月，EUが発足し，1995年2月，同議会および理事会では，個人データ処理に係る個人の保護及び当該データの自由な移動に関するヨーロッパ議会及び理事会の指令を採択するため，1995年2月に理事会によって採択された「共通の立場（Common Position）」の必要性を明らかにした．

　1995年7月，EUは，「EU個人情報保護指令」を採択し，EU構成国については1998年10月までに，個人情報保護に関する国内法を，この指令に適合するよう改正または新たに法制度を整備するよう求めたのである．

(2) EU個人情報保護指令の基本原理と内容

　EU個人情報法保護指令の基本的な考え方は，その前文に明記されている．要点をまとめると，以下のようになる．

① 　EUの緊密化の実現とヨーロッパ人権条約で保障されている基本的人権に基づく民主主義の促進を図ること．

② 　EC条約7a条にしたがって確保される域内市場の創設による個人データの自由な流通と，個人の基本的権利を確保すること．

③ 　プライバシー権の保護レベルに関する構成国の相違を是正し，共同体レベルの経済活動全体への障害を除去すること．

④ 　公安，防衛，国家安全保障上の目的，もしくは刑事法の分野に関する国家活動などは，この指令の適用範囲に含まれないこと．

⑤ 　放送分野など，ジャーナリズム，芸術上，文学上の表現を目的とする個人データの処理は，ヨーロッパ人権条約10条で保障されている表現の自由を考慮すること．

⑥　個人データの処理は，データ主体の同意に基づくべきこと．

⑦　第三国が適正な保護レベルを提供していない場合には，当該国への個
　　人データの移転は禁止されること．

　さらに，指令の具体的内容としては，個人データの定義や適用除外規定，
あるいは個人情報移転の際の原則など，詳細に規定されている．その要点は
つぎのようなものである．

①　「個人データ」とは，識別されたまたは識別されうる自然人（データ
　　主体）に関するすべての情報をいう．識別されうる個人とは，とくに個
　　人識別番号，または肉体的，生理的，精神的，経済的，文化的ならびに
　　社会的アイデンティティーに特有な一つまたは二つ以上の要素を参照す
　　ることによって，直接的または間接的に識別されうる者をいう．（1 条 a）

②　「個人データの処理」とは自動的な手段であると否とを問わず，収集・
　　記録・編集・蓄積・修正・移転による開示，周知・消去・破壊をいう．（1
　　条 b）

③　公安・防衛・国家安全保障・刑事法の分野における国家活動には適用
　　されない．（3 条 2 項）これに加え，構成国または欧州連合の重要な経
　　済的または財政的利益に関連するものについては，データ主体の保護の
　　ためにも，適用除外とするかあるいは制限されること．

④　データ処理の適法性
　1)　データ内容に関する原則（6 条）
　2)　データ処理の正当性（7 条）
　　　データ主体に対するインフォームド・コンセントが必要であること．

⑤　特別な種類のデータ処理（センシティブ情報）
　　　人種・民族・政治的見解・宗教的または思想的信条・労働組合への加入
　　を明らかにする個人情報・健康，また性生活に関するデータの処理は禁
　　止すること．（8 条）

⑥　プライバシーの権利との調和を図る必要がある場合には，報道目的・
　　芸術的および文学的表現目的のために行われる個人データの処理は適用

除外とすること.（9 条）

⑦　閲覧・修正・消去またはブロックなど，データ主体のデータへのアクセス権の保障すること（12 条）．また，データ主体の異議申立て権を保障すること.

⑧　第三国への情報移転の禁止に関する原則

　　第三国が個人情報に関して充分なレベルの（この指令のレベルの）保護を確保している場合，および第三国が個人情報に関して充分なレベルの保護を確保している場合に，個人データの移転を行うことができる．指令 25 条では，第三国への移転についての原則を以下のように規定している.

　　（a）　加盟国は，処理中の個人情報または移転後に処理を企画する個人情報の移転については，当該指令のその他の規定に基づいて採択された国内法規を遵守することを妨げることなく，当該第三国が充分な水準の保護を確保している場合にのみ，実施できる．（1 項）

　　（b）　第三国が提供する保護の水準が充分であるか否かは，データ移転の作業または一連の作業に鑑み，評価されなければならない．とくに，データの性格，予定されている処理の運用の目的および期間，発出国および最終目的国，当該第三国において有効である一般的および分野別の法規範，ならびに当該国において遵守されている専門職業の規範および安全対策基準が考慮されなければならない．（2 項）

　　第三国がこれらの項目において充分なレベルの保護が確保されていると認定された場合，当該国へのデータ移転を阻止するための措置が講じられることになる.

⑨　監督機関・ワーキンググループ・専門員会など実施監理部門の設置

　　この指令では，指令に合致する「充分なレベル」の個人情報の保護が各国で国内法的措置として行われているかどうかを監視し，判断する機

関の設置が決められた．ワーキンググループが「ホワイトリスト」を作成し，「充分なレベル」にある個人情報保護制度を確立している国々をリストアップする．

　この指令の発令により，EU構成国は，国内法の整備に着手を進めることとなった．

(3) EU個人情報保護指令の意義とインパクト

　このEU指令については，OECD8原則と「個人データの自動処理に係る個人の保護に関する条約」を基準として，さらにそれを詳細に具体化したものとして注目される．このEU指令の発令は，高度情報社会が進み，情報流通のボーダレス化が進む中にあって，一定の国際的な基準を打ち出した点で大きな意味を持っている．とりわけ包括的な個人情報保護のための指針と，データ主体の諸権利やプライバシー保護の方策について具体案が示されたことの意義は大きい．かくして，このEUの個人情報保護指針はEU域内を越えて，世界的に大きな影響を及ぼし，具体的に適用されることになった．

　とりわけ重要なことは，前述のように，指令第25条により，EU以外の第三国に，EU諸国が情報を送る場合には，充分な個人情報保護のための法規範の整備や運用方法が確立され，個人情報を扱う専門職業に従事する者に対する規範が充分整備されていることが条件とされ，それを充たしている場合に，個人情報の移転を行うことができるとしている点である．EUが，こうした厳しい基準を規定し，個人情報保護規範の国際的スタンダードの確立を求めている点は大いに評価できる．こうして，EU以外の先進国であるアメリカや日本などにも，この規定は適用されることになるので，この指令に沿った個人情報保護法やプライバシー保護法の改正や制定の必要が出てきた．

　また，EU個人情報指令発令の背景を深く理解するためには，前述のように，1995年2月，EU議会および理事会が指令を採択するにあたって，その必要性を強調した「共通の立場（Common Position）」に注目する必要がある．ここで打ち出された「共通の立場」とは，EU統合にあたっての最大

の目的の一つである市場統合にあたって，「共通の経済的立場」を意味する
ものと思われる．すなわち，高度情報社会の中にあって，個人情報は商品価
値を持つに至ったが，その商品たる個人情報の「流通」にあたって，「共通
のルール」を作ろうとするところに，EU 個人情報保護指令の一つの大きな
目的があったのである．

　その「共通のルール」とは，グローバリゼーションの進展する世界情勢の
中にあって，EU 個人情報保護指令は，商品たる個人情報の自由な流通とい
う経済的目的と人権としてのプライバシーの権利とを調和させ，共通の原則
から成り立つ「共通の経済市場」を形成し，商品としての個人情報の流通を
図ろうとする試みであったと見ることができる．この意味で，高度情報化社
会における国際的なプライバシーの権利の保障あるいは個人情報の保護の問
題は，グローバリゼーションの評価という大きな課題とともに，「個人情報
の商品化」という問題をどのように克服し，プライバシー権や個人情報をい
かに守るかという点に直接関係するものといえる．

　この点に関連して，1998 年 10 月 7 日から 9 日に，カナダのオタワ市で
開催された OECD 閣僚会議で採択された「グローバルネットワーク上のプ
ライバシーの保護に関する閣僚宣言（Ministerial Declaration on the Pri-
vacy on Global Networks）」が示唆的である．ここでは「ボーダレス・ワー
ルド：グローバル電子商取引の可能性を実現する（A Borderless World：
Realising the Potential of Global Electronic Commerce）」と題して，グロー
バル電子商取引の問題に関わり，グローバルネットワークにおけるプライバ
シーの保護が議論された．閣僚宣言では，OECD 加盟国は「地球的規模で
のデジタルコンピュータとネットワークテクノロジーの発展と普及が，情報
交換を助長し，消費者の選択を増大し，市場の拡大と生産の革新を促進する
ことにより，社会的・経済的便益をもたらすことを考慮し」，「個人データが，
プライバシーに対する適正な尊重を受けつつ（with due respect for priva-
cy）収集・取り扱われるべきことを考慮し」，「重要な権利への尊重を確保し，
グローバルネットワークにおける信頼性を構築するために，また個人データ

の国境を越えた流通（transborder flow of personal data）に対する不必要な規制を防ぐために，グローバルネットワークにおけるプライバシーの保護に対する自らの責任を再確認すること」，そして「OECD ガイドラインを基礎としたグローバルネットワークにおけるプライバシー保護を確保するために加盟国によって採択された異なるアプローチの間の橋渡しをするために活動すること」を宣言し，グローバルネットワークにおけるプライバシーの保護を図る具体的手段を提示した．ここでは，グローバル商取引のような経済目的の実現とプライバシー保護との調和を目指す OECD の意図が鮮明に表れている．

　このように EU では，EU 指令 25 条に基づき，個人情報に「充分なレベルの保護」を与えている国がどこであるかを判断するための作業に入った．それを判断するワーキンググループは，1997 年に個人情報の充分な保護に達している国を記載した「ホワイトリスト」を発表し，ここに記載された国々には，EU 構成国からの個人データの移転が認められることになった．他方，アメリカ・カナダ・日本などセグメント方式を採っている国では，各分野ごとに個人情報の保護のレベルが審査され，充分な水準にあると判断された分野についてのみ個人情報が移転されることになったのである[*5]．このことは，自由な情報の流れが阻害され，経済や市民の日常生活に大きな影響を及ぼすことを意味するものであった．

2.6　わが国の個人情報保護法制の概要

2.6.1　1988 年「行政機関等個人情報保護法」の制定と問題点

　わが国では，1963 年に東京都と神奈川県でコンピュータが導入されたのを皮切りに，1978 年には全都道府県にコンピュータが導入されることになった．こうした背景から，1970 年代から，各地方自治体レベルでは個人情報保護条例が制定され始め，国に先行し，地方自治体で個人情報保護のための法制化が進められた．

　国レベルでは，1959 年に国の機関にコンピュータが導入されるが，個人情報保護についての施策はほとんど行われてこなかった．しかし，1980 年のOECD 勧告を契機として，1981 年には，当時の行政管理庁が「プライバシー保護研究会」を立ち上げ，研究に着手した．1983 年には，第 2 次臨時行政調査会の最終答申が出され，その中で「行政情報システムの進展，国民意識の動向をふまえつつ，諸外国の制度運営の実態を十分把握の上，法的措置を含め個人データ保護に係る制度的方策についても積極的に対応する」ことが，閣議決定された．これを受けて，1986 年には，当時の総務庁に設置された「行政機関における個人情報の保護に関する研究会」が「行政機関における個人情報保護のあり方」を提言した．

　以上のような経緯を経て，1988 年には，「行政機関の保有する電子計算機処理に係る個人情報の保護に関する法律」（いわゆる「行政機関等個人情報保護法」）が制定された．

　しかし，この「行政機関等個人情報保護法」には，当初より，①対象となる情報が，行政機関が保有するコンピュータにインプットされた個人情報に限られており，マニュアル（手書き）の個人情報については適用されないこと，②思想・信条などの個人情報に関する収集制限が規定されていないこと，③誤っている情報については訂正を申し出ることはできるが，法的な訂正請求権は認められていないこと，犯罪，教育，医療，租税に関する情報など，適用除外の範囲が極めて広いことなどの問題が指摘されており，個人情報の保護にとってはきわめて不充分な法律であった．

2.6.2　2005 年の包括的「個人情報保護法」の制定
(1) 制定前史

　こうした中にあって，日本政府は，90 年代に入り，高度情報社会の到来と情報のグローバル化に対応し，IT 立国を国家目標として，e-japan 戦略を国策として掲げ，1998 年 11 月，内閣に「高度情報通信社会推進本部」が設置された．「高度情報社会」実現のために，それに対応する個人情報保護

の制度の構築が急務とされたのである.

　1999 年 7 月には, 推進本部の中に「個人情報保護検討部会」が置かれて, 同部会は, 同年の 11 月に「我が国における個人情報保護システムのあり方について」という「中間報告」を公表し, 2001 年に, わが国の個人情報保護システムの中核となる基本原則等を確立するため, 官民の全分野を包括する基本法である「個人情報保護基本法」制定することを提案した. こうした背景には, EU 個人情報保護指令の影響や国際的な個人情報保護・プライバシーの権利の保護の流れ, そして国内における, 個人情報漏洩事件の多発による市民のプライバシー意識の向上などがあった.

　さらにこの「中間報告」を受けて, 2000 年 1 月に, 高度情報通信社会推進本部のもとに「個人情報保護法制化専門委員会」が設置され, 法制化に向けて本格的な検討がはじまった. そして同年 6 月に, 同委員会は「個人情報保護基本法大綱案 (中間整理案)」を発表した. 次いで 2000 年 10 月に, 同委員会は「個人情報保護基本法制に関する大綱」を公表した.

　そして 2001 年 3 月には「個人情報の保護に関する法律案」が国会に提出され (第 151 回国会), 2002 年 3 月には「行政機関の保有する個人情報の保護に関する法律案等 4 法案」提出された (第 154 回国会). しかしこの「個人情報の保護に関する法律案」については, 適用除外事項に関して, 宗教, 学術, 政治の分野とならび, とくに報道が適用除外にされていなかったことから, 言論界や学界から「メディア規制立法」であるとの強い批判が出されたこともあり. 同年 12 月, 同法律案は審議未了廃案 (第 155 回国会) となった.

(2) 2005 年個人情報保護法の成立と内容

　その後, 2003 年 3 月「個人情報の保護に関する法律案」等が国会に再提出され (第 156 国会), 同年 5 月, 報道・宗教・学術・政治の分野を適用除外とするとした上で, 個人情報保護関連 5 法 (個人情報の保護に関する法律, 行政機関の保有する個人情報の保護に関する法律, 独立行政法人等の保有する個人情報の保護に関する法律, 情報公開・個人情報保護審査会設置法, 行

政機関の保有する個人情報の保護に関する法律等の施行に伴う関係法律の整備等に関する法律）が成立し，公布された．個人情報の保護に関する法律（いわゆる「個人情報保護法」）の第1章から第3章は，公布と同時に施行され，同法第4章から第6章まで及び附則2条から6条までの規定とその他の4つの法律は，2005年4月1日に施行された．

2.6.3　2017年「改正個人情報保護法」の制定と内容

(1) 2017年改正個人情報保護法の制定

　さらに，近年の情報環境の変化に伴い，2005年の個人情報保護法が，およそ10年ぶりに改正され，2015年に「改正個人情報保護法」が成立，2017年5月30日から全面施行された．

　改正の背景にあったのは，とくに「地上デジタル放送への移行」「スマートフォンの普及」「マイナンバー制度の開始」という情報環境の大きな変化である．

　こうした情報環境の変化は，一方で利用者である一般市民が，自らの性別や年齢，日常生活の行動，よく利用する店舗，現在地などに合わせて，的確なサービスや情報にアクセスることを可能にしたが，他方で，個人情報を取得されることへの根強い不安も生み出し，個人情報漏洩のリスクも高まってきた．

(2) 主要な改正点

　このような情報環境の変化に対応すべく，改正個人情報保護法では，個人情報を取り扱う企業や事業所の取扱いルールが大きく変更されている．

　同法の構成は，「個人情報の定義の明確化」「適切な規律の下で個人情報の有用性を確保」「個人情報の保護を強化（名簿屋対策）」「個人情報保護委員会の新設およびその権限」「個人情報の取り扱いのグローバル化」「その他改正事項」の6項目とされ，保護されるべき個人情報の定義を厳格に定めた上で，企業や事業者側が有効に個人情報を活用できることが目指されている．

　改正の具体的内容については，以下の点が挙げられる．

① 2005 年法では対象外とされた 5000 人分以下の個人情報を取扱う小規模事業者も，改正法が適用されること．

② 個人情報を取得する場合は，あらかじめ本人に，利用目的を明示する必要があること．

③ 個人情報を，他企業などに第三者提供する場合には，あらかじめ本人から同意を得ることを要すること．

④ 本人の同意を得ないで提供できる「オプトアウト」(あらかじめ本人に対して，個人データを第三者提供することについて通知または認識し得る状態にしておき，本人がこれに反対しない限り，同意したものとみなし，第三者提供をすることを認めること) には，個人情報保護委員会への届出が必須条件となる．同時に，第三者提供の事実，その対象項目，提供方法，望まない場合の停止方法などを，あらかじめすべて本人に示さなければならないこと．

⑤ 「人種」「信条」「病歴」などの「要配慮個人情報 (センシティブ情報)」は，オプトアウトでは提供できないこと．

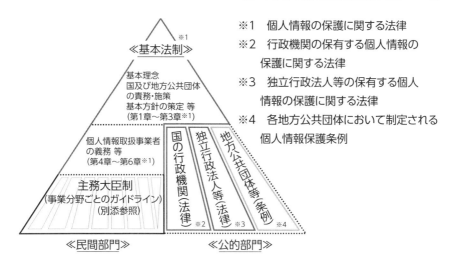

※1　個人情報の保護に関する法律
※2　行政機関の保有する個人情報の
　　保護に関する法律
※3　独立行政法人等の保有する個人
　　情報の保護に関する法律
※4　各地方公共団体において制定される
　　個人情報保護条例

図 2.1　個人情報保護に関する法体系イメージ：この図は，消費者庁の web ページ（http://warp.da.ndl.go.jp/info:ndljp/pid/9530384/www.caa.go.jp/planning/kojin/pdf/houtai-kei.pdf）から引用したわが国の個人情報保護法制のイメージ図である．なお，2016 年（平成 28 年）1 月 1 日付の「個人情報の保護に関する法律及び行政手続における特定の個人を識別するための番号の利用等に関する法律の一部を改正する法律」（平成 27 年法律第 65 号）の一部施行に伴い，同日より，「個人情報の保護に関する法律」（平成 15 年法律第 57 号）に係る所掌事務は，内閣府外局の個人情報保護委員会に移管されている．

表 2.2　各国の個人情報保護法制定年表

制定年	国　　名	適用部門	法律名
1970	アメリカ	民	公正信用報告法
1973	スウェーデン	公　民	データ法（98 年改正）
1974	アメリカ	公	プライバシー法
1977	ドイツ	公　民	データ処理における個人データの乱用防止に関する法律（90 年改正）
1978	デンマーク	公	公的機関におけるデータファイルに関する法律
	デンマーク	民	民間機関におけるデータファイルに関する法律
	ノルウェー	公　民	個人データファイルに関する法律
	フランス	公　民	データ処理・データファイルに関する法律
	オーストリア	公　民	個人データの保護に関する法律

制定年	国　名	適用部門	法律名
1979	ルクセンブルク	公　民	電子計算処理に係る個人データ利用規制法
1980	OECD ガイドライン（8 原則）		
1981	アイスランド	公　民	個人データファイルに関する法律
	イスラエル		個人情報保護法
1982	カナダ	公	プライバシー法
1984	イギリス	公　民	データ保護法（98 年改正）
	アメリカ	民	ケーブル通信政策法
1986	アメリカ	民	電子通信プライバシー法
1987	フィンランド	公　民	個人データファイル法
1988	オランダ	公　民	個人データ保護法
	アイルランド	公　民	データ保護法
	アメリカ	民	コンピュータ・マッチンング及びプライバシー保護法
	アメリカ	民	ビデオプライバシー法
	日本	公	行政機関の保有する電子計算機処理に係る個人情報の保護に関する法律
	オーストラリア	公	プライバシー保護法（90 年改正で信用報告に適用）
1990	スロバニア		個人データ保護法
1991	ポルトガル	公　民	個人データ保護法（98 年改正）
1992	ベルギー	公　民	個人データの処理に係るプライバシーの保護に関する法律（99 年改正）
	スイス	公　民	データ保護法
	スペイン	公　民	個人データの自動処理の規制に関する法律
	チェコ	公　民	情報システムにおける個人データ保護法
	ハンガリー	公　民	個人データ保護及び公共データ公開に関する法律
1993	ニュージーランド	公　民	プライバシー保護法
1994	韓国	公	公共機関における個人情報保護に関する法律
1995	EU		個人情報保護指令
	韓国	民	信用情報の利用及び保護に関する法律
	香港		個人データ（プライバシー）保護法
	台湾		個人情報保護法
1996	イタリア	公　民	個人データ処理に係る個人及び個人の保護に関する法律
	リトアニア		個人データ保護法
	エストニア		個人データ法
1997	ギリシャ	公　民	個人データ処理に係る個人の保護に関する法律
	ポーランド	公　民	個人データ保護に関する 1997 年 8 月 29 日の法律
1998	アメリカ	民	子どもオンライン・プライバシー保護法
	スロバキア		情報システムにおける個人データ保護法
2003	日本	公　民	「個人情報の保護に関する法律」など個人情報保護関連5法

（注）

*1　後述のように，表現の自由は，民主主義にとって欠くことのできない権利として，人権の中でもとくに重要な「優越的権利」であるとされる．その中でも，国民の「知る権利」の担い手としてのマスメディアの「報道の自由」が重要視されるようになってきた．報道の自由の保障は，主権者である国民が，選挙や世論形成を通して政治的決定を行うために，情報を知ることは重要なことであり，その意味で表現の自由ないし報道の自由は民主主義の基本条件を形成している．しかし，他方で，報道の過程で，プライバシーの権利との衝突がたびたび生じた．この判決は，報道の自由とプライバシー権の調整の基準を明らかにした点でも，高く評価されている．

*2　一般的には，英米法ではプライバシーの権利という言葉を用い，ドイツやフランスなどヨーロッパの大陸法の諸国では，個人情報あるいは個人データの保護という言葉が用いられるようである．厳密にいえば，両者は異なるが，ここでは問題をわかりやすくするために，同じ意味を持つ権利として理解し，論を進める．

*3　情報社会論の光の部分を強調したのはアルビン・トフラー（Alvin Toffler）であった．トフラーは，その著書『第三の波』の中で，情報化社会の到来を予想し，「第一の波」である農業革命，「第二の波」である産業革命につづく文明史的革命に続く，「第三の波」と呼んだ．彼によれば，「第三の波」により出現した「情報社会」は，「第二の波」である「もの」を生産・分配・消費する近代商工業社会を前提とする社会ではあるが，「情報」がたいへんに重要視される社会であるとし，「第三の波の文明にとって，最も基本的な原材料，しかも決して枯渇しないものは情報である」とした．トフラーは，その中心的役割を果たすのがコンピュータであるとし，そのネットワーク化により，株式市場へのアクセスやホテルの予約，個人相互の情報交換や通信が可能になり，ものの製造過程や冷暖房装置，自動車などを制御できるようになったとした．このようにトフラーは，コンピュータネットワーク社会がわれわれにもたらす社会的・経済的効用を強調した．

*4　アメリカの憲法学者であるアーサー・R・ミラー教授は，すでに 1960 年代初期の段階で，情報社会の危険性を指摘している．個人情報を扱うコンピュータシステムが，第一にプライバシーの侵害として，現在および過去の行為や交友状況の証拠を，最初に本人がその情報を引き渡すときに同意したときに予想したよりもはるかに広範囲の人にまき散らしてしまうこと（個人情報に対するコントロール権の喪失），そして情報を受けた人の心の中に，当人の実際の行為や成果について誤った印象を作り出すような不正確な事実をデータに入れてしまうこと（正確性に対するコントロール権の喪失）への危険性を，第二に国家による「監視社会」の到来の危険性を指摘している（Miller, R. Arthur, The Assault on Privacy（1971），邦訳，片方善治・饗庭忠男監訳：『情報とプライバシー』，ダイヤモンド社（1974））．

*5　個人情報の保護は，公共部門および民間部門のすべてを対象とすべきであるが，その法制度のあり方や考え方から，公共部門だけを対象とする個人情報を対象として法制化している国と，公共・民間の両部門を一括して個人情報方の対象としている国とに分かれる．前者を「セグメント方式」，後者を「オムニバス方式」と呼ぶ．前者の例としては，アメリカとカナダが挙げられる．後者は，スウェーデン，ドイツ，イギリスなどヨーロッパ諸国に多い．セグメント方式をとっている国では，公共機関では公共的利益との調整が，民間部門においては営業の自由との調整という異なった利害調整が必要であることから，領域

ごとにプライバシー保護法を制定している．たとえば，アメリカの公正信用法や子女教育の権利及びプライバシーに関する法律，金融プライバシー法など，個別分野ごとに法律が制定されている．わが国も2003年の包括的「個人情報保護法」が制定されるまでは「セグメント方式」が採られていた．

参　考　文　献

(1) 堀部政男：『プライバシーと高度情報化社会』，岩波新書（1988）

(2) 堀部政男，永田眞三郎：『ネットワーク時代の法学入門』，三省堂（1989）

(3) 内藤光博：「高度情報社会におけるプライバシーの権利論」，法学新報108巻第3号，中央大学法学会（2001）

(4) 松井茂記：『マス・メディア法入門 第5版』，日本評論社（2013）

(5) 岡村久道：『個人情報保護法 第3版』，商事法務（2017）

(6) 岡村久道：『個人情報保護法の知識 第4版』，日経文庫（2017）

(7) 山本龍彦：『プライバシーの権利を考える』，信山社（2017）

(8) 小向太郎：『デジタルネットワークの法 第4版』，NTT出版（2018）

(9) 園部逸夫ほか編：『個人情報保護法の解説 第2次改訂』，ぎょうせい（2018）

(10) 曽我部真裕ほか著：『情報法概説 第2版』，弘文堂（2019）

第3章　経済活動における情報の利用に関する規範

小島喜一郎

3.1　経済活動における情報倫理の基本的枠組──自由主義

　人々の生存には様々な活動が必要となる．しかし，それらの活動を行う上で利用できる資源には限りがあることから，生存に必要な活動のすべてを単独で行うことは現実的と言い難い．そこで，人々は集団を構成し，その構成員の間で生活に不可欠な活動を分担する，いわゆる「分業」を採用することにより，限られた資源を有効に活用し，人々が生存する可能性を高めている．いわゆる「経済」は分業を構成する様々な活動から形成されており，経済を構成する個々の活動を「経済活動」という[*1]．

　もとより，分業が成立するには，人々が集団を形成するだけでは不充分であり，構成員の間で分業を機能させるための規範を共有し，構成員に対してその規範に基づく意思決定と行動を求める「社会」を形成することも必要となる．とりわけ，人々が生存する可能性を高めるところに社会を形成する目的があることに照らすと，分業の効率化を図り，経済を発展させることが重要となる．そのため，規範の重要性とともに，いかなる規範を定めるべきかが解決されるべき課題として認識される[*2]．

　この課題に対し，人々は，かつて，身分制度をはじめとする「所与のもの」とされる規範を受け入れることにより，解決を図ろうとしてきたといえる．この規範の特徴は，構成員の分業における役割を固定し，変更を予定しない

ところにある．したがって，この規範の下では，担われるべき役割のすべて
をいずれかの構成員に必ず割り当てられることから，分業を実現する可能性
を高めることができる．また，役割の交代が予定されないことから，構成員
が一定の専門性を取得し，ある程度分業の効率性を高めることも期待できる．
そのため，構成員数が少ない社会においては，このような規範を定めること
に一定の合理性を見出すことができる．

　しかし，時間の経過を通じて社会の構成員数が増加し，社会の規模が拡大
すると，分業に必要な役割を担う者が存在せず，分業が実現されなくなると
いう問題が顕在化する可能性が低下した．むしろ，「所与のもの」とされる
規範を前提とすることにより，構成員の間に様々な不平等が発生するという
問題や，各構成員の個々の能力に合った役割分担がなされず，社会における
分業の効率性が低下するという問題が発生することに意識が向けられるよう
になったことがうかがわれる．

　このことは，いわゆる「市民革命」等を通じて構成員の間に存在していた
不平等の解消が指向される過程を経た後，自由主義を基軸とする社会が形成
され，その結果，私的自治の原則の下，「契約自由の原則」に基づく取引（契
約）を通じて社会における分業が実現された経済が形成されたところに見て
とれる．そして，経済活動が構成員自身の利潤追求をはじめとする一定の目
的に則して営まれるとともに，分業を成立させる取引は競争市場を介してな
されることとなり，あたかも「見えざる手」による調整がなされているかの
ように，社会全体の分業の効率性が向上する方向へ資源の配分がなされ，経
済が発展してきている[*3]．

　現代社会において人々が享受している「豊かさ」が競争市場を基盤とする
経済発展の成果としての側面があることに鑑みると，このような「豊かさ」
を維持するには，競争市場の前提となる自由な経済活動を可能とする環境を
整備し，持続的な経済発展を実現する必要がある．わが国の最高法規である
憲法が各種の自由を保障することは，この要請に応えるものとして高く評価
することができる[*4]．

　情報の利用に焦点を合わせて見ても，この姿勢が反映されていることがわかり，わが国の憲法は，人々の自由を保障する一環として「表現の自由」を保障し（憲法 21 条 1 項），これを通じて，自由な情報の利用を可能とする法的環境を整備している．

　自由主義を基軸とする現代社会において，企業は，競争市場の存在を意識しつつ，自身の利潤追求をはじめとする一定の目的に則して経済活動を営む必要がある．それゆえに，目的の達成へ向けて，合理的な意思決定と行動とを求められることから，意思決定に必要となる情報を自由に利用できることが不可欠となる．実際，企業は，利潤追求のために，各種情報システムを整備し，情報を積極的に利用することを通じて，自身の提供する商品・サービスの質や生産性の向上を図り，競争市場における優位を取得することに努めている．そして，これが経済発展の源泉となっている．

　また，このような企業活動を通じて情報処理・通信技術が向上したことにより，パーソナルコンピュータやスマートフォン等の情報処理機器が社会に普及するとともに，いわゆる「インターネット」に代表される情報通信網の整備と相まって，社会全体が情報を積極的に利用する社会となっている．このような特徴は，個々の企業に利益をもたらすのみならず，経済発展という利益を社会全体にもたらしており，現代社会を「情報社会」と称するゆえんとなっている[*5]．

　したがって，情報を自由に利用できることを前提に，これを積極的に利用する情報社会としての性質は，今後，より一層，色濃くなると予想される．

　しかし，情報の利用は人々に利益をもたらす一方で不利益を被らせる場合もある．この事実は，自由な情報の利用により損なわれる利益の存在を認識し，それらの利益と「表現の自由」という利益とを調整する必要があることを意味する．そして，わが国においても，各種の法令を通じて双方の利益の調整が企図されている[*6]．

　そこで，以下では，経済活動の一環としてなされる情報の利用に着目し，これを，企業が自身の提供する商品・サービスの質や生産性の向上等を図る

場合等，企業が単独で行う企業活動における情報の利用と，企業間の取引等，複数の企業間における情報の交換（利用）とに区分した上で，それぞれの行為を規律する代表的な法令を概観していくこととする．

3.2　知的財産政策

　現代社会において，企業は，競争市場を意識し，自身の利潤追求をはじめとする一定の目的に則して経済活動を営む必要があることから，自身が提供する商品・サービスの質や生産性の向上に努めることとなる．したがって，経済活動の基礎となる情報に財産的価値が見出されることとなり，それらの中で「知的財産」と呼ばれる情報の利用については，一般に「知的財産法」と称される法制度が整備されている．そこで，以下では，わが国の知的財産法を概観していくこととする．

3.2.1　知的財産法制度の基本的枠組

　個々になされる経済活動は社会における分業の一部であるから，それらの活動でどのような情報が必要とされるかは，置かれた環境等に左右される．また，情報を充全に利用できるか否かは，活動の主体や能力に依存せざるを得ない．したがって，合理的な行動に必要となる情報はその都度変化するとともに，情報の価値は，利用する時や場所，主体等により異なることとなり，万人に共通したものとなるとは必ずしも言い難い．

　しかし，技術や芸術作品等のように，その利用を通じて，何らかの一定の効果を発生させることが確実視できる情報も存在する．これらの情報の価値に対する認識は，その性質上，人々の間で共通したものとなりやすいことから，人々の間でその財産的価値をめぐる利害対立が生じ，紛争へと発展することが予想される．そこで，このような利害対立を調整し，紛争へと発展した際には，それを解決する指針となる法制度をあらかじめ整備しておくこが求められることとなる．一般に，このような財産的価値を有する情報を「知

的財産」と総称し，その利用を規律する法令を「知的財産法」という．

　もとより，法制度の整備に対する要請の端緒が，知的財産の財産的価値に求められることに照らすと，財産的価値を有するという点で知的財産と性質を同じくする有体物（民法 85 条）を規律する「物権法」（民法 175 条以下）により知的財産を規律すれば足り，知的財産法という法制度を新たに設ける必要はないとの疑問も成り立ち得なくはない[*7]．

　しかし，「物権法」が規律対象とする有体物は，それを実際に利用するときには占有を必要とすることから，それを利用できる人々の数はおのずと限られることとなる．これに対して，知的財産は一定の効果を発生させるための情報であるから，利用できる人々の数に制限はない．この有体物と知的財産との相違に着目すると，これと異なる法的枠組を用意すべきとの結論が導かれてくる．

　そこで，知的財産法の法的枠組を物権法のそれと比較しつつ見ていくと，まず，法制度の目的が，規律対象の財産的価値をめぐる利害対立の調整，および，紛争解決の基準を提供するところにある点で両者は共通している．そして，この目的を達成するため，物権法は，規律対象である有体物の利用に関する独占・排他的権利である所有権を創設し（民法 206 条），これを基軸として有体物の利用を規律しようとする．知的財産法も，これと同様の方針を採用しており，規律対象である知的財産の利用に関する独占・排他的権利である「知的財産権」を創設し，これを基軸として知的財産の利用を規律しようとしている．

　もっとも，前述したように，知的財産を利用する際に占有を必要としない点が知的財産法を物権法と異なる法制度として整備する理由となるところ，両者の相違が明確に現れるのが，物権法と知的財産法とが創設している上記の権利の性質である．

　物権法が規律対象とする有体物の利用には占有が必要となる．そのため，有体物が存在する限り，それを利用する機会を得られる者と機会を得られない者との間に利害対立が発生することは避け難い．それゆえに，有体物が存

在すること自体が利害対立の原因となるため，物権法は，対象となる有体物
が存在する限り，当該有体物に係る所有権が存続することを前提に，有体物
の所有者がこれを取得するものとしている[*8].

　これに対し，知的財産法が規律対象とする知的財産は，一定の効果を発生
させるための情報であるから，その利用に占有を必要とせず，消費されるも
のでもない．したがって，利用できる人々の数に限界はなく，利用する機会
を得られない者は生じないことから，有体物の場合と異なり，その存在自体
が直ちに人々の間に利害対立を生じさせる原因となるとは言い難い[*9].

　しかし，新たに知的財産が創作された場合，創作に係るコストを負担する
者（創作者）と負担していない者との間で，当該知的財産の利用により得ら
れる利益に差が生じる．ここに，知的財産の財産的価値をめぐる利害対立が
発生する原因を見て取ることができ，知的財産法は，この利害対立の調整，
および，紛争解決の基準を提供することを意識しているといえる[*10].

　この基準を定めるにあたり，知的財産法は，新たな知的財産が創作される
ことは社会全体の利益につながることから，現在，知的財産の創作を奨励す
ることとする．そして，創作者がその創作に係る知的財産の利用に関する独
占・排他的権利である知的財産権を取得できるとする考え方（創作者主義）
を採用している[*11].

　しかし，知的財産権の性質上，これを所有権と同様に永続的なものとする
ことは，利用できる人々の数に制限はないという知的財産の特徴を損なうお
それがある．また，新たな知的財産の創作は既存の知的財産を自由に利用で
きる環境があってはじめて可能となることを念頭に置くと，知的財産権を永
続的とすることは，社会における知的財産の創作活動の継続性を阻害するこ
とにつながるとの懸念も生じさせる．そこで，知的財産法は知的財産権に存
続期間を設け，存続期間経過後は当該知的財産を誰もが自由に利用できる法
的環境を整備している[*12].

　もとより，社会における知的財産の利用態様は，対象とされる知的財産の
類型により相違することを念頭に置くと，知的財産の利用態様に合わせて，

異なる法制度を整備することが合理的となる. わが国においても, 知的財産の類型毎に法令が定められており, 発明を規律する「特許法」, 考案を規律する「実用新案法」, 意匠を規律する「意匠法」, IC（集積回路）の配置を規律する「半導体集積回路配置法」, 著作物を規律する「著作権法」, 植物品種を規律する「種苗法」に分類され, 知的財産法はこれらの法令の総称と理解されている[*13].

　そこで, 以下では, 知的財産法に分類される法令の中から代表的なものに焦点を合わせて概観していくこととする.

3.2.2　技術的情報の創作と利用の促進——特許法

　現代社会は自由主義を基調した競争市場から成立しており, 社会の構成員は経済活動において利潤を追求することが必要となる. そのため, 自身が提供する商品・サービスの質や生産性の向上を目指している. この目的を達成する上で, しばしば, 技術的情報が利用されるところ, その理由は, これらの情報は, その利用を通じて誰もに商品・サービスの質や生産性の向上という効果をもたらすところに求められる. したがって, 技術的情報に対して誰もがその重要性を認識し, 知的財産の類型の一つと位置づけるようになる. ここに, その財産的価値をめぐる利害対立の調整, ならびに, 紛争解決の基準となる法制度の整備が求められることとなり, わが国では, この要請に対して特許法が定められている[*14].

　特許法上, 技術的情報は「発明」（特許法2条1項）と称されており, 同法は, その利用の規律を通じて,「産業の発達」という社会全体の利益を確保することを目的とする旨を明らかにする（特許法1条）. また, 制度の基軸として, 発明の実施に関する独占・排他的権利である特許権を創設し（特許法68条）, 同権利に存続期間を設けた上で（特許法67条）, これを発明を創作した者（発明者）のみが取得できるとする「発明者主義」を採用する（特許法29条1項）[*15].

　しかし, 商品・サービスの質や生産性の向上をもたらすという発明の性質

上，その具体的内容が発明者により秘密とされる場合も少なくない．これを考慮すると，特許権の存続期間満了後，誰もが実際に当該発明を実施できる環境が形成されるかについて疑問が生じることとなる．そこで，特許法は，特許権を取得できる要件として，権利の対象となる発明の発明者であることのみならず，当該発明を「公開」することも掲げるという考え方（公開代償主義）を採用している．

　もっとも，ここで，いかなる行為であれば「公開」が位置づけられるかという問題が生じる．特許法は，この問題への対応として，発明者が特許権の取得を求める場合に，公的機関である特許庁への出願という法的手続を経ることを要求するとともに，出願の際，対象となる発明の具体的内容を記載した「明細書」を提出させた上で（特許法36条4項1号），特許庁の責任において特許権の発生と併せて「明細書」を公開することとし，発明の公開の代償に特許権を取得するという枠組の実効性を確保している[*16]．

　また，前述のように，技術的情報を創作する動機が利潤追求の手段を取得するところにあることから，現代社会においては，発明の創作に関する競争（技術開発競争）が形成されている．このような状況の下では，異なる者が同じ問題意識に基づいて同じ発明を創作し，別個に特許出願を行うという事態が発生するであろうことは想像に難くない．ここに，いずれの出願人に特許権を取得させるかが問題となる．

　この問題に対して，特許法は，最先の出願人のみが特許権を取得できるとする「先願主義」を採用する（特許法39条）．これにより，特許権の取得を目指す者は，発明の創作後，できるだけ早期に特許出願をすることが必要となる．前述のように，特許出願と発明の公開とが結びつけられていることを念頭に置くと，「先願主義」の採用は創作された発明の公開を一層促進することにつながるという期待を生じさせる[*17]．

　さらに，特許権の独占・排他的効力をいわゆる「絶対的」とし，特許権者以外の者が当該特許発明を実施することを許容しないという法的枠組を用意している．これにより，発明者が自己の創作に係る発明を確実に実施するに

は，特許権を取得することが必要となるため，特許出願とそれに伴う創作された発明の公開をより一層促進することとなる[*18]．

　もっとも，特許権を絶対的な独占・排他的権利とすると，特許権の排他的効力が一般の第三者に不測の損害を与えることがないように，特許権をめぐる法的安定性を確保するための法的枠組を整備することが不可欠となる．そこで，特許法は，特許出願の際に，特許権者（出願人）の責任と裁量において特許権者（出願人）の氏名・名称，および，住所・居所を記載した「願書」と，特許発明（出願発明）の構成要件を記載した「特許請求の範囲」を提出させ（特許法36条1項，2項，5項），特許権を発生させる際，特許庁の責任においてこれらの書面を公開することとしており（特許法66条3項），これにより，一般の第三者が特許権の所在（特許権者）と対象（特許発明）とを特定できる法的環境を整備する[*19]．

　また，発明の性質上，それらが企業活動において日常的に利用されていることに鑑みると，すでに公共財として位置づけられている発明も少なくない．そのような発明について特許権が発生した場合，社会に混乱を招くであろうことは想像に難くない．そこで，特許法は，あらゆる発明について特許権を取得できるとせず，新規性・進歩性をはじめとする特許要件を充足した発明を創作した場合にのみ，当該発明に係る特許権をその発明者が取得できるとしている（特許法29条）．これにより，社会で利用されている，もしくは，その可能性の高い発明について，誰もが法的規制を受けることなく，自由に利用できる法的環境が整えられるとともに，公開を通じて社会全体の技術水準を向上させ，特許法の目的である「産業の発達」につながる発明の創作を促すこととしている[*20]．

　これに加えて，特許庁により，出願発明が特許要件を充足しているかなど，出願発明に係る特許権が発生すること（特許出願）の適法性を確認する特許審査を行うこととしている（特許法47条）．特許法上，特許審査制度を導入することは必然ではないものの，これを導入しない場合，特許権侵害の成否の判断が求められる際に，特許権の適法性も判断する必要が生じる．これ

に対し，特許審査制度が導入され，適切に運用されると，適法な特許権のみが発生することとなり，特許権侵害の成否に関する判断の際，特許権の適法性を判断する必要がなくなる法的環境が整備されるため，特許権をめぐる法的安定性の確保がより一層強く保障されることとなる[*21]．

　そして，このように，発明に係る特許権の存否，および，特許権の所在・対象が明確にされ，特許権をめぐる法的安定性が確保されると，特許制度に対する信頼につながり，特許権に係る発明（特許発明）を含めたすべての発明を利用しやすくなる環境が整うことも意味することから，発明の実施をより促進し，特許法が目的とする「産業の発達」を加速することを期待させる．

3.2.3　文化的所産の創作と利用の促進──著作権法

　人々の生活を支えるには物質的な充足が必要であるものの，それだけでは充分でなく，精神的な充足も不可欠である．そのため，人々は精神的な充足をもたらす小説や絵画，音楽等を創作してきている．このような文化的所産の性質上，人々はそれらに財産的価値を見出すようになり，その財産的価値をめぐる利害対立の調整，および，紛争解決の基準となる法制度を整備することが求められる．この要請に対して，わが国では，著作権法が定められている．

　著作権法は，文化的所産を「著作物」と呼称し（著作権法2条1項1号），その利用の規律を通じて，「文化の発展」という社会全体の利益を確保すること目指す旨を明らかにする（著作権法1条）．また，制度の基軸として，著作物の利用に関する独占・排他的権利である著作権を創設し（著作権法21条以下），存続期間（保護期間）を設けた上で（著作権法51条以下），これを著作物を創作した者（著作者）が取得できるとする「創作者主義」を採用する（著作権法2条1項2号・17条1項）[*22]．

　もっとも，著作権法が，著作物を「思想又は感情を創作的に表現したものであつて，文芸，学術，美術又は音楽の範囲に属するもの」と定義すること（著作権法2条1項1号）からうかがえるように，著作物には著作者の人格

が反映されていると理解されている．著作物のこのような性質から，著作物の利用態様によっては著作者の人格的利益を損なうおそれがあると考えられている．そのため，著作物の利用を規律する上で，このような著作物と著作者の人格との結びつきに配慮する必要性も認識されることとなる．

この要請を受けて，著作権法は，著作権を著作物の財産的価値に由来する問題に対応するための基軸として位置づけ，著作物と著作者の人格との結びつきに関わる問題に対応するための基軸して，著作権とは別個に，著作者の人格的利益を保護を図るための権利として「著作者人格権」を創設している（著作権法 17 条）．具体的には，著作者の人格的利益を害することにつながるおそれのある著作物の利用態様を類型化し，それらの利用態様を規制する権利としている（著作権法 18 条乃至 20 条）[23]．

また，人格的利益が損なわれた場合，それを回復することが著しく困難であることに目を向けると，著作者の権利の保護は著作物の創作時から直ちに求められることに気づく．そこで，著作権法は，著作権ならびに著作者人格権という著作者の権利が著作物の創作時に発生することとする（著作権法 51 条 1 項）とともに，これと併せて，著作権の取得・行使等の「享有」のために法的手続を要する等の「方式」を要求しない「無方式主義」を採用することを明確にする（著作権法 17 条 2 項）[24]．

ところで，著作者の権利が独占・排他的権利であることは，同権利により一般の第三者による著作物の利用が法的影響を受けることを意味する．したがって，一般の第三者が不測の損害を被ることのないよう，著作者の権利をめぐる法的安定性を確保するための法的枠組を整備することが必要となる．しかし，著作者の権利の発生・享有に関する上記のような規定の下においては，著作者と著作者の権利に係る著作物とを社会的事実から特定することとなる．その困難を念頭に置くと，著作者の権利の独占・排他的効力をいわゆる「相対的」とすることにより，少なくとも，自己の創作に係る著作物の利用は阻害さない法的環境を整えることが不可欠となる[25]．

著作権法も，他者の創作に係る著作物の利用態様である「複製」を著作権

が規律する中心的な行為と位置づけており（著作権法 21 条），他者の創作
に係る著作物への「依拠」を著作権侵害の要件の一つとする姿勢を見せてい
る．ここから，同法が，自己の創作に係る著作物を利用する限り，他者が有
する著作者の権利の効力の影響を受けないとする考え方をとるものと理解さ
れている*26.

　もとより，著作者の権利の独占・排他的効力を「相対的」とすることは，
自己の創作に係る著作物の利用が阻害されなくなることから，それらの著作
物の利用が促進されることは期待できる．しかし，著作者と著作者の権利に
係る著作物とを社会的事実から特定することの困難は解消されておらず，著
作者の権利の所在が不明確となるという問題が残されたままとなる．著作権
法が目的とする「文化の発展」の実現には，他者の創作に係る著作物の利用
の促進も図る必要があることに鑑みると，この問題を解消するための法的枠
組も整備する必要性が認識される*27.

　この問題への対応として，著作権法は，著作物を創作した者（著作者）が
取得できるとする「創作者主義」（著作権法 2 条 1 項 2 号・17 条 1 項）を
前提としつつ，著作者の特定に要する負担の軽減を図ろうとしている．

　まず，著作物の公表等とともに著作者の名前が表示されている場合，その
名前の主体を真実の著作者と推定することとしている（著作権法 14 条）．
これは著作者に関する表示に対する信頼を一定程度法的に保障しようとする
ものと解される．

　また，映画の著作物（著作権法 10 条 1 項 7 号，2 条 3 項）については，
著作者を著作物の創作者とする定義（著作権法 2 条 1 項 2 号）を変更し，
当該著作物の「全体的形成に創作的に寄与した者」のみが著作者となる旨を
定めており（著作権法 16 条），映画の著作物の著作者を前記定義規定（著
作権法 2 条 1 項 2 号）から導かれる範囲より狭くしている．これに加えて，
当該著作物の著作権については，映画制作の発意を行った映画制作者等に帰
属させることとし（著作権法 29 条），映画の著作物の主な利用者と想定さ
れる映画制作者等が映画の著作物を利用しやすい法的環境を整えている*28.

　さらに，いわゆる「職務著作」に著作物については，その創作の発意を行った法人等の名義で公表される場合，当該「法人等」を著作者とすると規定している（著作権法 15 条）．この趣旨は，著作者の権利を享有する主体を著作物の創作者とする創作者主義（著作権法 2 条 1 項 2 号・17 条 1 項）を否定することとなるものの，著作物の創作者を保護するよりも，著作物を利用しやすい環境を整備することを優先していると解される[*29]．

　このように他者の著作物を利用しやすい環境を整備しようとする姿勢は，著作者の権利と別個の，そのような利用者固有の権利を創設するところにも表れている．具体的には，著作権法は，「実演を行う者及び実演を指揮し，又は演出する者」である「実演家」（著作権法 2 条 1 項 4 号），「レコードに固定されている音を最初に固定した者」である「レコード製作者」（著作権法 2 条 1 項 6 号），「放送を業として行う者」である「放送事業者」（著作権法 2 条 1 項 9 号），「有線放送を業として行う者」である「有線放送事業者」を創設する．これらの権利は「著作隣接権」と総称され，著作者の権利に類似する権利として定められている．

3.3　取引の安全確保のための法的枠組

　社会はその構成員の分業により支えられていることから，その成立には，個々の経済活動のみならず，それらを結びづける経済活動も不可欠となる．現代社会は自由主義を基軸としているため，このような活動の中心は市場を介してなされる取引となる．そして，取引は立場を異にする人々の経済活動を結びつけるものであることから，その成立へ向けて当事者間で情報を適切に交換する必要があるため，その点に関する規範が定められている．以下では，これらの法制度を概観していくこととする．

3.3.1　取引における情報の利用に関する法制度の必要性

　現代社会は自由主義を基軸としているため，取引は，自己の利潤の追求を

はじめとする一定の目的の下，市場を介して行われることが一般的である．
したがって，取引当事者は取引に関する意思決定をその目的に即して合理的
に行うことを迫られる．とりわけ，取引の端緒となる契約の締結は，その後
の自己の経済活動に影響を与えることから，契約を締結することが適切か否
か等，合理性な意思決定に必要となる情報を収集することが取引当事者に不
可欠な事柄となる．

　たとえば，代表的取引の一つである売買を見ると，取引当事者の一方であ
る売主は，自身が提供できる商品の内容，それらを必要としている買主の存
否（需要），それらの価値（価格）等の情報を収集した上で，実際に販売す
る商品を選択することとなる．また，もう一方の当事者である買主は，自身
が求める商品の内容や，それらを提供している売主の存否（供給），それら
の価格等の情報を収集し，その購入に係る意思決定を行うこととなる．

　前述のように，現代社会が自由主義を基軸としていることを考慮に入れる
と，これらの情報を収集は，取引当事者の責任と裁量において行われるべき
との考え方が導かれてくる．この考え方の下では，取引に関する適切な情報
の収集に関する自由競争を促すことになるため，社会全体の分業の効率性を
高め，経済を発展につながると期待できる[*30]．

　もっとも，取引は立場を異にする人々の経済活動を結びつけるものである
から，その端緒となる契約を締結する際，取引当事者が，合理的な意思決定
に必要となる情報のすべてを，その責任と裁量において収集することは困難
である．さらに，相手方からの提供を必要とするものも少なくなく，たとえ
ば，売買において，売主が提供できる商品の内容に関する情報は売主からの
提供を必要し，買主が求める商品の内容に関する情報は買主からの提供を必
要とする[*31]．

　このことは，経済活動において，当事者間で保有する取引に関する情報が
異なり，同一の情報が共有されていない「情報の非対称性」が常に存在し，
取引は当事者間で情報の交換が適切になされてはじめて成立することを意味
する．したがって，情報の交換が適切になされず，契約内容に関する両者の

理解に齟齬が生じ，期待した取引を実現することができないという問題や，意図的に情報の交換を適切に行わず，情報の非対称性の存在を利用する行為である「モラルハザード」や「逆選択」等を発生させるという問題の可能性を指摘できる．ここに，これらの問題への対応が課題として認識される．

　この点につき，現代社会が自由主義を基軸とすることを理由に，この課題の解決を，個々の取引ごとに，取引当事者がその責任において行うべきとする考え方も成り立ち得ないではない[*32]．

　しかし，このような考え方を前提とすると，取引に要する費用（コスト）と不確実性（リスク）を増大させることにつながるため，人々が取引に対して消極的となるのではないかとの懸念が生じる．現代社会において人々が享受している「豊かさ」を維持するには，社会全体の分業の効率を高め，持続的な経済発展を実現する必要があること，経済活動の中心は市場を介してなされる取引であることに鑑みると，人々が取引に積極的な姿勢を採り得る法的環境を整備することが求められる．したがって，取引における情報の利用に関して自由主義を墨守するという考え方は否定せざるを得ない．

　むしろ，上記課題の要因が取引当事者間にある情報の非対称性にあることを念頭に置くと，適切な情報の交換を通じてこれを解消し，取引の不確実性（リスク）を減少させる方向へと取引当事者を導く，いわゆる「取引の安全」の確保を目指した規範を定めるべきとの結論が導かれる．

　もとより，規範を定めることにより，経済活動の自由を損ない，経済発展を支える競争市場が成立しなくなるおそれがあることは否定できない．これを念頭に置くと，いかなる形で法制度を整備すべきかが問題となる．そこで，以下では，この点に関するわが国の法制度を概観していくこととする．

3.3.2　情報の発信に関する法的規制——民法の定める方向性

　取引は立場を異にする人々の経済活動を結びつけ，分業を成立させるものである．したがって，取引を機能させるには，取引の端緒となる契約を締結する際，当事者間で情報を交換し，情報の非対称性を解消することが不可欠

となる．そこで，情報の交換が適切になされない場合に生じる問題に対し，いかなる規範を定めるべきかが課題となる．そして，これに対するわが国の法制度の基本的な方向性は，取引に関する法制度の基底をなす民法の「意思表示」に関する規定に見ることができる．

　民法は「意思表示」を定義していないものの，一般に，一定の法律効果を生じさせようとする意思（効果意思），および，その意思を外部に示す意思（表示意思）を有した上で，その意思が表示される行為（表示行為）と説明される．したがって，契約等の法律行為を成立させることを目的とした情報を発信する行為の一つと位置づけることができる[*33]．

　このような意思表示の構造を着目すると，情報の交換が適切になされない場合は大きく次の二つに分類できる．第一の類型は，効果意思もしくは表示意思のいずれかの意思決定に瑕疵があり，意思表示の内容がその主体の真意と異なる場合である．第二の類型は，表示行為に瑕疵があり，意思表示の主体の真意と異なる内容の情報が発信されてしまう場合である[*34]．

　いずれの場合も，意思表示の内容とその主体の真意と異なるため，主体の立場からは，その効力を否定することに対する要請が生じる．他方で，意思表示の相手方の立場からは，その効力が否定されると，期待した取引が実現されなくなるため，その効力を否定しないことに対する要請が生じる．そのため，当該意思表示の法的効果についてどちらの要請に応えるべきかの選択に迫られることとなる[*35]．

　現代社会が自由主義を基調した競争市場から成立していることに鑑みると，取引当事者が取引に関する意思決定を自身の目的に即して合理的に行う自由を保障すべきである．この視点に立つと，意思表示の内容がその主体の真意と異なる場合に，意思表示の主体が自らその効力を否定することを許容すべきとの考え方（意思主義）が導かれる[*36]．

　民法の意思表示の規定からは，同法もこれと考え方を同じくしているように見受けられなくもない（民法95条）．しかし，他方で，これと異なる姿勢も示しており，真意と異なる内容の発信が意図的になされた意思表示（心

裡留保）である場合，それを理由として当該意思表示の効力が有効に成立することを妨げられない旨を規定する（民法93条）．また，真意と異なる内容の発信が意図的になされた意思表示でない場合でも，払うべき注意を怠る等の意思表示の主体の「重大な過失」に原因がある場合には，意思表示の主体がこれを覆せないとしている（民法95条但書）[*37].

　意思表示がその相手方をはじめとする他者に法的影響を及ぼす行為であることを念頭に置くと，意思表示の効力をその主体が否定することを許容することは，情報の交換が適切になされない場合に生じる問題を他者に不利益を負担させることにより解決を図ろうとすることを意味する．それゆえに，意思表示の内容がその主体の真意と異なることを理由に，意思表示の効力を否定することを許容すべきとの考え方（意思主義）の妥当性には少なからず疑問が生じてくる[*38].

　また，前述のように，意思表示の内容とその主体の真意とが異なる場合として，効果意思・表示意思のいずれかの意思決定に瑕疵がある場合と，表示行為に瑕疵がある場合とを挙げられるところ，通常，意思決定の主体でない他者がこれらの瑕疵の存否を把握することは困難であり，他者は意思表示の内容とその主体の真意とが合致していると信頼せざるを得ない．そのため，意思表示の効力をその主体が否定することを許容することは，当該意思表示を通じて締結された契約がその効力を喪失する可能性を内在していることを意味し，取引の不確実性を増大させることにつながる．

　さらに，上記のように，意思表示に関する瑕疵について意思表示の主体と他者との間に情報の非対称性が存在する状況下において，意思表示の効力をその主体が否定することを許容すると，意思表示という取引に関する情報の交換を適切に行うことに対する誠実さを損ない，前者がこれを意図的に利用して，取引の不確実性に起因する不利益を一方的に他者へ負わせる「モラルハザード」や「逆選択」等の問題を発生させるおそれがあるといえる[*39].

　これらの点からは，意思表示の効力をその主体が否定することを許容すると，「取引の安全」を損ない，取引が機能しなくなるであろうことは否定で

きない. 前述のように, 現代社会において人々が享受している「豊かさ」を
維持するには, いわゆる「取引の安全」を確保し, 人々が取引に積極的な姿
勢を採り得る法的環境を整え, 持続的な経済発展を実現する必要がある. そ
れゆえに, 意思表示の主体が自らその効力を否定することを許容すべきでは
なく, むしろ, 意思表示の主体がその内容に対する責任を負い, 意思表示に
関する瑕疵に由来する不利益を負担するものとし, 意思表示に対する信頼を
保護すべきとの考え方（表示主義）が導かれる[*40].

　前述した民法の諸規定も, このような点を考慮し, 意思表示に対する信頼
を保護する姿勢を示したものと理解できる[*41].

　もとより, 民法上, 意思表示の主体がその効力を否定することを許容する
場合もあることが認められている.

　意思表示として真意と異なる内容の発信が意図的になされた場合であって
も, 相手方と通じてなされたもの（通謀虚偽表示）であるならば, 当該意思
表示の効力をその主体が否定し, 真意に即した行動を選択する機会を与えて
いる（民法93条但書・94条）. また, 民法上の議論に目を向けると, 真意
と異なる内容の発信が意図的になされた意思表示でない場合においても, そ
の内容が真意と異なるとの事実を相手方が知り得るならば, 意思表示の主体
に対して意思表示を覆し, 真意に即した行動を選択する機会を与えるべきと
の見解が示されている[*42].

　意思表示は, その性質上, 相手方の存在を前提としてなされる行為である
から, 契約交渉等の意思表示に至るまでの事実を通じて, 相手方が意思表示
の主体の真意を正確に把握している場合もある. この場合, 意思表示の内容
とその主体の真意とが合致していると信頼すべき理由が相手方にないため,
意思表示の主体がその効力を否定することを許容する余地が残されていると
いえる. 上記規定および見解は, これを念頭に置いた上で, 真意を尊重する
ことを優先し, 意思表示の主体がその効力を否定することを許容するとした
ものと考えられる[*43].

　同様の配慮は, 「詐欺」や「強迫」を受けてなされた意思表示についても

示されている（民法96条）．欺罔行為により他人を錯誤に陥れる行為である「詐欺」は違法行為と位置づけられており（刑法246条），「強迫」は，一般に，他人に恐怖心を抱かせる違法行為と理解されている．したがって，これらの行為を受けてなされた意思表示は，その前提となる意思決定に相手方が介入することによりなされていることから，真意と異なる内容の発信されている場合，意思表示の内容とその主体の真意とが合致していると信頼すべき理由が相手方にないといえる．かえって，意思表示に関する瑕疵の原因が，「詐欺」や「強迫」という違法行為を通じて，意思表示の主体が意思決定の自由を喪失する状況を作出したところにある点を考慮に入れると，意思表示の主体を救済する必要性が認識されることから，その効力を否定することを許容することとしたものと評価できる[*44]．

　このように，民法は，意思表示の主体がその効力を否定することを，意思表示に対する信頼が生じていない場合に限定しており，基本的に，意思表示の効力を維持させる姿勢にあるといえる．このことから，民法は，意思表示をはじめとする取引に関する情報の発信について，発信の主体がその内容に対する責任を負い，その受け手がそれを信頼することを法的に保障することにより，取引の安全を確保しようとする方向性にあるといえる[*45]．

　もっとも，民法の意思表示に関する規定は，情報の交換の齟齬に由来する紛争が生じてから，事後的に対応することを前提とする．持続的な経済発展を実現するために，取引の安全を確保すべきとの立場からは，紛争が生じる前に予防することが望ましい．したがって，取引（契約）に先立ち，不正確な情報の発信そのものを規制し，事前に交換されるべき情報の正確性を保障する法的枠組を用意することが合理的といえる．そこで，つぎに，このような役割を担う法制度について概観していくこととする．

3.3.3　商品・サービスに関する情報

　立場を異にする人々の経済活動を結びつけるという取引の性質上，取引に関する情報について「情報の非対称性」が発生することは避け難く，それゆ

えに，取引は当事者間で情報の交換が適切になされてはじめて成立する．取引はそれぞれに内容が異なるため，取引に関する情報はそれぞれの取引の開始（契約の締結）に至る交渉段階で個別に開示されることとなる．もっとも，商品・サービスそれ自体に関する情報は取引に関する交渉を開始するか否かの意思決定の重要な要素となることから，売主により事前に公開されることが一般的である．

　前述のように，取引に関する情報の交換は適切になされることが不可欠であるから，事前に公開されている商品・サービスに関する情報についても，その正確性が求められるところ，これらの情報は，当事者の意思と異なり，商品・サービスを事前に確認することにより，その正確性を検証できるようにも思われる．

　しかし，現代社会では，多数の取引が日常的に行われていること，取引の迅速性が要求されていることを考慮に入れると，情報の利用者に対し，商品・サービスに関する情報すべてについて正確性の検証を要求することには疑問が生じる．また，商品・サービスに関する情報の中には，理解に専門技術的な知識を必要とし，その正確性を検証するために物的・時間的な費用を必要とするものが少なからず存在しており，商品・サービスに関する情報のすべてを検証することの実現可能性についても疑問が生じてくる[*46]．

　持続的な経済発展を実現するには，取引に要する費用と不確実性をできる限り減少させ，取引の安全を確保することが望ましい．この要請を受けて，民法は，取引に関する情報の発信について，発信の主体がその内容に対する責任を負うものとし，その受け手がそれを信頼することを法的に保障しようとする方向性にあることはすでに述べたとおりである．これを考慮に入れると，公開される商品・サービスに関する情報の正確性を確保するための規律を，取引当事者における紛争解決のみに委ねるのではなく，様々な法的枠組の下で規制することが有効・適切と考えられることから，わが国ではこれを実現するための法制度が整備されている[*47]．

　このような制度の代表的なものが不正競争防止法による規律である．同法

は，商品・サービスの品質等を誤認させる行為を「不正競争」と位置づけた上で（不正競争防止法2条1項14号），行為者と競争関係にある事業者が当該行為を規制する途を用意している（不正競争防止法3条・4条）*48.

　また，行政機関による規律も用意されており，たとえば，独占禁止法では，商品・サービスの品質等を誤認させる行為を「欺瞞的顧客誘引」と称される「不公正な取引方法」（独占禁止法2条9項）の1類型として位置づけ，行為者と競争関係にある事業者による規制を可能とするとともに（独占禁止法19条・24条・25条），公正取引委員会の行政処分による規制の対象とする（独占禁止法20条）．これと同様の姿勢は景品表示法にも示されており，同法は，「優良誤認」や「有利誤認」等の「不当に顧客を誘引し，一般消費者による自主的かつ合理的な選択を阻害するおそれがある」商品・サービスの品質等に関する情報の発信を不当表示と位置づけ（景品表示法5条），内閣による行政処分による規制の対象としている（景品表示法7条）*49.

　さらに，人々の生命・身体に影響を与える商品である食品等については，正確な情報のみならず，充分な情報の発信を要求する法的枠組が設けられている．そこでは，表示すべき情報に関する基準が設けられ，その基準に基づいて表示する義務が課されており（食品衛生法19条1項，食品表示法4条・5条），これに違反した場合には行政処分の対象となる（食品衛生法19条3項，食品表示法6条等）*50.

　そして，医薬品等については，食品と同様に，所定の基準に基づいて，正確かつ充分な情報を表示する義務が課されている（医薬品医療機器等法44条，50条，52条，54条，59条，61条，63条，63条の2，65条の2，65条の3，66条，67条，68条）のみならず，医薬品の品質等に関する情報の正確性を検証し，公的機関の承認を得ない限り，市場に提供すること自体が許されないとされており（医薬品医療機器法14条），これに違反した場合には行政処分の対象となる（医薬品医療機器法69条等）．

3.3.4　取引の主体に関する情報

　一般に，商品・サービスを購入するか否かの意思決定は，それらの品質に基づいて行われる．しかし，商品・サービスに関する情報のすべてを入手・検証することは必ずしも現実的でないことから，商品・サービスの提供主体である企業に対する信用に基づいて購入するか否かの意思決定を行うことが少なくない．企業が信用の取得を目指すことは，質の高い商品・サービスを提供する努力を継続的に払うことを意味するため，適切な競争市場の形成を促し，持続的な経済発展の実現につながることを期待させる．したがって，このような意思決定を基礎とする取引の安全は確保されることが望ましいといえる[*51].

　ここで，上記の意思決定において，需要者（商品・サービスの購入者）はその提供主体を特定する必要が生じるところ，一般に，その手掛かりを提供主体が使用する標章に求める傾向がある．また，このような傾向を受けて，商品・サービスの提供主体である企業も，買い手をして自己と競業他者とを区別させ，自身が提供する商品・サービスを選択させるために標章を使用する．そのため，取引における標章の使用を規律する必要性が認識され，わが国では，この役割を担う代表的な法制度として商標法が整備されている[*52].

　商標法は，業として使用される標章と定義される「商標」（商標法2条1項）の使用を規律する．前述のように，商品・サービスの提供主体である企業を特定する手掛かりとして商標が使用されていることを念頭に置くと，商標に求められる機能は，買い手をして商標を使用する企業と他者とを区別させる機能（自他識別機能）と，商品・サービスの提供主体が当該企業であることを買い手に認識させる機能（出所表示機能）である．したがって，商標法の役割は，商標のこれらの機能が充全に発揮されるように，一つの商標が一つの企業により独占的に使用される法的環境を整備するところにあるといえる．このことは，商標法が「産業の発達」を目的としていること（商標法1条）からも窺い知ることができる．

　もっとも，このような商標の機能に照らすと，他の企業が使用する商標を

使用する動機がいずれの企業にも生じず，一つの商標が一つの企業により独占的に使用されるという状況がおのずと形成されるように見受けられなくない．しかし，ある商標がすでに他の企業により使用されているか否かを社会的事実から判断することは困難であることに鑑みると，意図せず，すでに他の企業が使用する商標を使用してしまう可能性が残されていることは否定できない．そこで，使用されている商標とそれを使用する企業とに関する情報を管理・公開する制度の整備に対する社会的要請が生じてくる．

商標法はこの要請に応えようとするものであり，同法は，商標登録出願を通じて商標とこれを使用する企業の情報を公的機関である特許庁へ提供させ（商標法 5 条），これを「商標登録原簿」と呼ばれるデータベースに登録・管理し（商標登録；商標登録令 3 条・7 条），公開する制度（商標法 18 条）を採用することにより，すでに使用されている／使用が予定されている商標登録の対象とされた商標（登録商標；商標法 2 条 5 項）と，その使用者である商標登録を受けた企業に関する情報とを，誰もが入手できる法的環境を用意している[*53]．

もとより，この制度の採用によっても，何らかの事情により，登録商標が誤って商標登録を受けた企業以外の者により使用されるおそれがあることは否定できない．そこで，商標法は，登録商標の使用に関する独占・排他的権利として商標権を創設した上で（商標法 25 条），これを商標登録を受けた企業に対して付与し，当該企業を商標権者とすることにより，上記の問題の解決を図ることができるよう制度を構築している[*54]．

また，上記の商標制度は，商標に期待される自他識別機能・出所表示機能が充全に発揮される環境を整備するに止まらず，使用する商標に関する商標登録を受けることで，企業が信用を取得した後に，提供する商品・サービスの品質を保証する機能（品質保証機能）を当該商標に内在させ，顧客吸引力を保持させる機会を法的に保障することにつながる．そして，この場合，信用の主体である企業以外の者も，当該商標を使用することで，その顧客吸引力を利用し，経済的利益を取得する，いわゆる「商標に化体した信用へのた

だ乗り（フリーライド）」が可能となる．このことが商標に財産的価値が発
生することを意味しており，商標権がこの財産的価値をめぐる利害対立を調
整するとともに，紛争を解決する基軸となることに目を向けると，商標法は
知的財産法としての側面を有することに気づく[*55]．

　しかし，前述のように，商標法は使用する商標について商標登録を受ける
ことを前提とする制度である．そのため，商標登録を受けていないものの，
使用する企業の信用が化体し，品質保証機能を内在するに至った商標の財産
的価値をめぐる利害対立の調整，および，紛争解決の基準とはなり得ない．
使用される商標のすべてについて出願・登録を義務づけることに困難が少な
くないことに鑑みると，未登録の商標の財産的価値をめぐる利害対立の調整，
および，紛争解決の基準となる法制度を別途必要とするとの結論が導かれて
くる．

　この問題に対し，わが国では不正競争防止法よる解決が企図されており，
同法は，財産的価値（品質保証機能）を有する蓋然性の高い「周知」な標章
を使用し，需要者の混同を招来する行為（不正競争防止法 2 条 1 項 1 号）と，
「著名」な標章を使用する行為（不正競争防止法 2 条 1 項 2 号）を「不正競争」
として位置づけ，規制対象としている[*56]．

（注）

*1　社会における分業の機能と重要性を指摘した論稿として，Adam Smith, An Inquiry into
　　the Nature and Causes of the Wealth of Nations（1772）が著名である．近年に出された
　　同書の邦訳として，たとえば，アダム・スミス（山岡洋一訳）『国富論（上・下）』（日本経
　　済新聞出版・2007）がある．
*2　Adam Smith・前注注（*1）は自由主義を掲げたものと位置づけられているところ，
　　Adam Smith, The Theory of Moral Sentiments（1759 年）を執筆していることを視野に
　　入れると，「sympathy」を基礎とした規範の存在を前提としていたと思われる．近年に出
　　された同書の邦訳として，たとえば，アダム・スミス（村井章子＝北川知子訳）『道徳感情論』
　　（日経 BP 社・2013）がある．
*3　Adam Smith・前掲注（*1）（邦訳として，アダム・スミス（山岡洋一訳）・前掲注（*1）
　　（下）31 頁参照）はこの点を指摘した論稿としても知られている．
*4　表現の自由を保障することにより，時として，他の利益を損なう場合もあることは否定
　　できない．そのため，それらの利益と表現の自由との調整が不可欠となる．たとえば，人

格的利益と表現の自由との調整に関する議論については，本書 2.2.3 項を参照．

*5　情報を利用することの重要性は，現代社会だけでなく，歴史上のどの社会においても認識されていたと思われる．しかし，現代社会では，その構成員の一部に限らず，誰もが認識しているところに特徴があり，それゆえに「情報社会」が形成されているといえる．

*6　表現の自由と抵触する利益として議論の俎上に載せられる代表的なものに，名誉，プライバシー等の人格的利益や，公共の利益がある（前注（*4）参照）．

*7　わが国において「物権法」という名称の成文法は定められていないものの，所有権とこれに関連する民法上の規定を中心とする法令を「物権法」と称することが一般的である．

*8　民法は，所有者がない場合，動産については占有者が，不動産については国がその所有権を取得する旨を規定する（民法 239 条）．

*9　「有体物」の対義語は「無体物」であることからは，無体物であることが知的財産法の規律対象であるかのように思われなくもない．しかし，無体物に分類されるものであっても，電気のように消費されるものは，利用に占有を必要とするため，所有権にもとづく規律になじむ．したがって，所有権の対象となるか否かは，有体物であるか無体物であるかにより定まるものではないといえる．

*10　知的財産法に分類される法令に商標法も含められることが一般的である．しかし，商標はその使用者の信用が仮体してはじめて知的財産となり得るに止まり，商標であることから直ちに知的財産とならないことを考慮に入れると，知的財産法に分類される他の法令と性質を異にするといえる．具体的な相違点の例については，後注（*12）参照．

*11　現代社会では自由主義と競争市場を前提とできるため，知的財産権の取得に関して創作者主義を採用することは適切といえる．しかし，知的財産法の目的から見て「合理的」といえるかについては，検討の余地が残されていると考えられる．

*12　商標法が創設している商標権にも存続期間が設けられているものの（商標法 19 条），後述するように，商標の性質上（前注（*10）参照），商標法が商標権を創設する目的は他の知的財産法と異なるところに求められるため，本文で述べた趣旨は当てはまらないことに注意を要する（特許庁編『工業所有権法（産業財産権法）逐条解説〔第 20 版〕』1482 頁（発明推進協会・平成 29 年）参照）．

*13　商標法については，前注（*10）参照．また，これらの法令を補完する役割を担う性質を帯びている不正競争防止法も知的財産法として位置づけられていることが少なくない．もっとも，本文で述べた知的財産法に求められる点が，同法においてどの程度配慮されているかは検討を要すると考える．

*14　ここで述べられている「技術的情報の利用」は，わが国の特許法上，「発明の実施」と定義されており（特許法 2 条 3 項），「利用」の語は異なる意味で用いられる点（特許法 72 条）に注意する必要がある．

*15　わが国の特許法は，発明の創作の奨励を重視しているため（特許法 1 条参照），発明者主義を採用する．しかし，産業の発達に必要な事項が社会の置かれた状況により異なることを念頭に置くと，発明者主義を採用しないという選択肢もあり得る（前注（*11）参照）．

*16　出願制度を通じて発明の公開を実現するという制度を採用する必然はないものの，いかなる行為を「発明の公開」と定義するか等の問題があることに鑑みると，合理的な制度といえる．

　　また，公開の具体的方法として，特許法は，特許原簿への登録により特許権が発生する

こととし（特許法66条1項・27条1項），特許原簿等の各種書面を誰もが閲覧可能とすること（特許法186条）により実現している．さらに，設定登録により特許権が発生した後，「明細書」を掲載した特許公報を発行することとし（特許法66条3項），より広く公衆に伝達される環境を整えている（特許庁編・前掲注（*12）245頁参照）．

*17　つぎに述べるように，特許権の独占・排他的効力を「絶対性」とすることにより，一つの発明につき一つの特許権のみを発生させることとし，「先願主義」の効果を一層増大させている．

*18　後述のように，著作権の効力は「相対的独占・排他的効力」とされ，「絶対的独占・排他的効力」とされる特許権の効力と異なる．両者の違いは，前者が模倣に基礎づけられている行為のみに効力が及び，他者自身による創作に基礎づけられている行為に効力が及ばないのに対して，後者は，本文で述べるとおり，模倣に基礎づけられているか，自身による創作に基礎づけられているかを問わず，自己の特許権に係る特許発明の実施に該当する行為のすべてに効力が及ぶところにある．

*19　後述する著作権のような相対的な独占・排他的権利の下では，自らの創作に権利の効力が及ばないため，一般の第三者は権利の排他的効力による不測の損害を被らないよう，模倣しないという行動を選択できる．したがって，特許権を相対的な独占・排他的権利とすれば，その権利の効力が及ぶ範囲を明確にする法的環境を整備する必要はないといえなくもない．しかし，著作権法の現状に目を向けると，この考え方には疑問を覚える（後注（*25）参照）．

*20　吉藤幸朔『特許法概説』106頁（有斐閣・平成10年）はこのような特許法の考え方を明確に指摘する．

*21　特許審査制度を導入することは，特許権をめぐる法的安定性を確保し，特許制度を機能させるという点で優れているものの，同制度を維持・運用するために人的・物的資源を必要とすることから，あらゆる社会で導入できるとは限らないという問題もある．

　　　また，特許審査に誤りが生じる可能性を視野に入れると，特許審査の瑕疵を是正する途を整備する必要が生じる．そのため，特許法は，拒絶査定不服審判（特許法121条），特許無効審判（特許法123条）等の制度を定めている．

*22　著作権法は「存続期間」という用語と「保護期間」という用語の双方ともに使用するものの，同法が両者をどのように区別しているかは必ずしも明らかでない．

*23　著作権も，著作者人格権と同様に，著作者の人格の利益を保護する権利としての性質を有しており，両者は明確に区別できるものでないとの考え方も示されている（半田正夫『著作権法の研究』173頁（一粒社・昭和46年＝初出・昭和40年）参照）．

　　　また，著作者人格権が規律対象とする行為以外にも，著作者の人格の利益を損なう行為があることを念頭に置き，「著作者の名誉又は声望を害する方法によりその著作物を利用する行為」を著作者人格権を侵害する行為とみなすことを規定している（著作権法113条7項）．しかし，著作者人格権が必ずしも「著作者の名誉又は声望を害する」利用態様のみを規制しているといえないことを考慮に入れると，著作者人格権に関する規定の整合性を検討する余地があることがわかる．

*24　無方式主義が前提とする「方式」としては，法的手続を経ることに止まらず，著作権表示「©」を付すこと等も含まれる．

*25　ある特定の表現が「著作物」（著作権法2条1項1号）であるか否か（著作権の対象で

あるか否か) の具体的な判断基準の一貫性が保たれていないこと等に目を向けると, 著作権侵害の発生を確実に回避できるとは言い難い. ここから, 自己の創作に係る著作物の利用を阻害しない法的環境を整備するには, 著作者の権利の独占・排他的効力をいわゆる「相対的」とするだけでは不十分であることがわかる.

*26　他者が保有する著作権の対象である著作物への「依拠」が著作権侵害の要件の一つとなるとの理解は, 著作支分権の規定等から導き出せるとは言い難いものの, 最高裁はこの理解を前提とすることを明確にする (最判昭和 53 年 9 月 7 日民集 32 巻 6 号 1145 頁).

*27　他者の創作に係る著作物を利用することを許容しないという考え方も成り立ち得なくはないものの, 他者の著作物の利用を許容することにより, 社会が発展してきたという歴史に照らすと, このような考え方を採用することは現実的でないといえる.
　　　また, 本文で述べた対応のほか, 著作権の制限規定 (著作権法 30 条以下) を設ける対応も図られている.

*28　現行著作権法への改正の際になされた, 映画の著作物の著作者, 著作権の所在等に関する議論を簡潔にまとめたものとして, たとえば, 国立国会図書館調査立法考査局『著作権法改正の諸問題』171 頁 (昭和 45 年) がある.

*29　法人等を著作者人格権の主体ともなる著作者とする正当化根拠を, 作花文雄『詳解著作権法〔第 5 版〕』174 頁 (ぎょうせい・平成 30 年) は, そこから生じる社会的評価の対象が「法人等」である点に求めている. しかし, 法人等に対する創作者の人格的利益について配慮がなされておらず, 著作者人格権の一身専属性 (著作権法 59 条) も視野に入れると, その整合性に疑問が残る. また, 著作権 (著作財産権) に焦点を合わせても, 特許法の「職務発明」に関する規定 (特許法 35 条) は, 「使用者等」と創作者である「従業者等」との間の利益の調整を図った上で, 「使用者等」が創作された発明を実施しやすい法的環境を整えようとしているのに対して, 著作権法は「法人等」が著作物を利用しやすい環境を整えようとするのみで, 創作者の利益に対する配慮が見られないという問題を指摘することができる.

*30　取引に関する法的枠組と取引当事者の自由との関係についてまとめている民法の体系書に, 山本敬三『民法講義 (I) 総則〔第 3 版〕』107 頁 (有斐閣・平成 23 年) がある.

*31　入手すべき取引に関するその他の情報として, たとえば, 売主については, 商品を引き渡し可能な時期や方法に関する情報が, また, 買主については, 支払い能力や受け取り場所等の情報がある.

*32　前注 (*30) 参照.

*33　民法の代表的な体系書である, 我妻栄『新訂民法総則』239 頁 (岩波書店・昭和 45 年) をはじめ, 民法上の議論では, 意思表示に関するこのような理解を前提としていることがうかがえる.

*34　民法上の議論において, 前提となる意思決定に瑕疵がある意思表示 (第 1 の類型) を「瑕疵ある意思表示」と呼び, 「詐欺」や「強迫」を受けてなされた意思表示 (民法 96 条) がこれに該当するとされている. 他方, 表示行為に瑕疵がある場合 (第 2 の類型) を「意思の不存在」と呼び, これを前提とする意思表示が心裡留保 (民法 93 条), 通謀虚偽表示 (民法 94 条), 錯誤 (民法 95 条) に該当するとされている (四宮和夫＝能見善久『民法総則〔第 7 版〕』171 頁 (弘文堂・平成 17 年) 参照). 民法もこのように区別していることがうかがえる (民法 101 条, 120 条 2 項) ものの, 他者を錯誤に陥れる行為を「詐欺」とするこ

ろ（四宮＝能美・前掲 203 頁）からも明らかなとおり，このような区別には疑問が生じる．

*35 もとより，何をもって「真意」とするかは議論を要すると考える．本稿では，意思表示がなされた後に，それが法的効果を生じさせる段階において，その主体が期待した内容を「真意」と呼ぶこととする．民法の規定に則して考えると，錯誤（民法 95 条），詐欺を受けてなされた意思表示（民法 96 条）については，意思表示の段階において，その内容が真意と異なることを，その主体が自覚していないこととなる．その一方で，心裡留保（民法 93 条），通謀虚偽表示（民法 94 条），強迫を受けてなされた意思表示（民法 96 条）については，意思表示の段階において，その内容が真意と異なることを，その主体が自覚していることとなる．また，心裡留保と通謀虚偽表示は，真意と異なる内容の発信が意図的になされているのに対して，強迫を受けてなされた意思表示は，強迫を受けてなされている以上，意図的になされたとはいえない点で異なる．

*36 意思主義の背景にある考え方につき，山本・前掲注（*30）121 頁参照．

*37 錯誤に関する民法の規定（民法 95 条）を文字どおり解釈すると，民法が意思主義を最重要視しているように見えなくないことから，同規定に対して疑問が呈されている（我妻・前掲注（*33）286 頁，303 頁参照）．
　　　また，「重大な過失」が比較的緩やかに認められる傾向があることにつき，川島武宜＝平井宜雄『新版注釈民法（3）総則（3）』417 頁（有斐閣・平成 15 年）参照．

*38 後述のように，民法上の議論においても，意思表示に関する規定の解釈は意思主義と表示主義との調整にあると理解されていることがうかがえる（我妻・前掲注（*33）286 頁，四宮＝能美・前掲注（*34）171 頁参照）．

*39 前者がこれを意図的に利用して，取引の不確実性に起因する不利益を一方的に他者へ負わせる「モラルハザード」や「逆選択」等を許容することは，民法が基本原則とする信義誠実の原則（民法 1 条 2 項）に反することにもなると思われる．

*40 表示主義の背景にある考え方につき，山本・前掲注（*30）122 頁参照．

*41 前注（*38）参照．

*42 錯誤に関する民法の規定（民法 95 条）における「重大な過失」をどのように理解するか等にも影響されると考えられる．この点に関する議論につき，四宮＝能美・前掲注（*34）197 頁参照．

*43 このような考え方の前提として，取引の安全の確保という考え方と信頼の保護という考え方との違いを意識する必要がある．両者の違いにつき，山本・前掲注（*30）122 頁参照．

*44 「詐欺」は他者を錯誤に陥れる行為であるから，意思表示の主体が充分な注意を払うことにより予防可能な行為ともいえる．これに対し，「強迫」は，その性質上，予防が著しく困難である．それゆえに，「詐欺」の場合と比較して意思表示の主体を救済する必要性が高いと考えることができる．民法もこれ点を意識していることがうかがえ，「詐欺」による意思表示の場合，善意の第三者に対して意思表示の主体がその効力を否定することを許容しない（民法 96 条 3 項）ものの，「強迫」の場合には，このような規定を設けていない．このことから，一般に，「強迫」の場合には，善意の第三者に対して意思表示の主体がその効力を否定することが許容されると理解されている（山本・前掲注（*30）240 頁参照）．

*45 消費者保護の観点から，これと方向性を異なる議論もなされている（四宮＝能美・前掲注（*34）215 頁参照）．とりわけ，電子商取引では，意思表示においてパーソナルコンピュータやスマートフォン等が使用されるため，その操作を誤り，意思表示に関する瑕疵が発生

しやすいといえることから，消費者の意思表示の効力を否定することを許容しようとする
方向にあることが認められる（四宮＝能美・前掲注（*34）215頁，山本・前掲注（*30）
220頁参照）．

*46　金融の分野ではこの点が重視されており，会社法をはじめ，証券取引法や金融商品取引
法，金融商品販売法が定められている．

*47　通信販売の利用は，商品・サービスを事前に確認し，情報の正確性を検証で機会を放棄
する行為として捉え，その不正確さ（意思表示に関する瑕疵）に由来する不利益は利用者（買
主）に負担させるべきとの考え方も成り立ち得なくはない．しかし，通信販売の利用者（買
主）の保護は，取引に積極的な姿勢を採り得る法的環境を整え，経済発展の実現につなが
る可能性があるのに対し，不正確な情報の発信は，取引に要する費用を不確実性を拡大す
る等の不利益を社会にもたらすだけであるから，可能な限りこれを規制すべきといえる．
したがって，上記のような考え方は採用できない．

*48　不正競争防止法に基づく規制は，「不正競争によって営業上の利益を侵害され，又は侵
害されるおそれがある者」の差止請求（不正競争防止法3条），および，損害賠償請求（不
正競争防止法4条）をのみ通じて実現されることが予定されている（上記請求の請求権者
に関する理解につき，経済産業省知的財産制作室『逐条解説不正競争防止法〔第2版〕』
127頁（商事法務・平成31年）参照）．しかし，需要者（商品・サービスの購入者）も商品・
サービスの品質等を誤認させる行為により直接の不利益を被ることに鑑みると，規制の主
体から需要者を除外することの適切さについては検討の余地があるといえる．

*49　景品表示法は，本文で述べた行政規制のみならず，消費者団体による規制も認めている
（景品表示法30条）．

*50　食品表示法は，食品衛生法，JAS法，健康増進法に定められた食品の表示に関する規定
を整理・統合し，一元的に管理する法的枠組として制定された．
　　　また，前述の景品表示法と同様に（前注（*49）参照），消費者団体による規制も認めて
いる（食品表示法11条）．

*51　このような傾向は，消耗品の購入等，反復して行われるとともに，迅速さを求められる
取引で強く認められる．

*52　商標法と同様の法制度として，商法による商号に関する規制がある（商法11条等）．ま
た，商号に関しては，各種業法による規制がなされているものの，これは企業の業務内容
に関する情報の発信の正確性を確保し用とするところに目的があると考えるのが素直であ
る（たとえば，銀行法6条参照）．

*53　前述した商標の使用をめぐる社会的要請は，事業開始前の商標を選定する段階において
生じるため，商標法は商標登録の要件に「使用をする商標」で掲げている（商標法3条）
ものの，これは，実際に使用されている商標に止まらず，出願人が使用を予定している（使
用の意思を有している）商標も含むと理解されている（商標審査基準「第1第3条第1項（商
標登録の要件）」参照）．もっとも，使用されない商標の登録がなされるという問題が発生
するため，商標法は不使用商標に対する規制を設けている（商標法50条）．
　　　また，公開の具体的方法は特許法が定める方法（前注（*16）参照）とほぼ同様であり，
商標原簿への登録（商標法18条1項・71条27条1項）の後，商標とこれを使用する企業
の情報を記載した願書をはじめとする各種書面を誰もが閲覧可能とすること（商標法72条）
により実現している．さらに，登録後，前記情報を掲載した商標公報を発行することとし（商

標法 18 条 3 項），より広く公衆に伝達される環境を整えている（特許庁編・前掲注（*12）1480 頁参照）．

*54　このための法的枠組のあり方として，いわゆる「経済法」と同様の枠組を採用し，国家（行政官庁）をして主体的に規制を行わせるべきとの考え方が成り立ち得る．しかし，国家の人的・物的資源に限界があることや，標章の独占的使用の法的保障が，社会的要請であるのみならず，標章使用者固有の要請に基づくものでもあることを念頭に置くと，標章の使用に最も利害関係を有する標章使用者の手に委ねることが効率的といえる．

*55　前注（*10）参照．

*56　商品・サービスの品質等を誤認の場合（前注（*48）参照）と同様に，周知商標・著名商標を利用した不正競争行為により需要者も直接の不利益を被ることを念頭に置くと，「不正競争によって営業上の利益を侵害され，又は侵害されるおそれがある者」の差止請求（不正競争防止法 3 条），および，損害賠償請求（不正競争防止法 4 条）をのみ通じて規制することの適切さについては検討の余地があるといえる．

第4章 情報セキュリティ

窪田　誠

　本章では，情報資産に関する脆弱性，情報資産に対する脅威，および，情報セキュリティ対策のうち，一般の利用者が留意すべき事項について解説する.

4.1 情報資産に関する脆弱性

4.1.1 人的脆弱性
(1) 無　知
　本章で解説しているような事項を理解していなければ，現代の ICT（information and communication technology）社会で安全に生活することはできない. また ICT は，従来の技術に比べて進歩の速度が非常に速いため，新しい脆弱性，脅威およびセキュリティ対策が日々出現しており，それらに対応していかなければ，ICT 社会で安全に生活していくことはできない.
(2) 不注意
　人間は，不注意により過失を犯してしまうことがある. たとえば，セキュリティ的な問題を引き起こす可能性があるため，通常であれば避けるような行為を，ついうっかり行ってしまうことがある. また，施そうと思っていたセキュリティ対策を施し忘れてしまうことや，セキュリティ対策用のハードウェアやソフトウェアを導入する際に，設定忘れや設定ミスを犯してしまう

ことなどがある.

(3) 思い込み

　自分の機器が攻撃対象になることはないであろうという思い込みから，セキュリティ対策を怠る場合があるようである．思い込みの根拠としては，世界中には非常に多くの機器が存在しているので，すべての機器を攻撃対象にするのは困難であろうというものや，自分の機器には重要な情報は保存されていないので，攻撃対象にする者はいないであろうというものなどがある．前者の根拠は誤りであり，現代の ICT は，少なくとも先進国に存在する多数の機器同士が高速に通信できる水準に達しているため，セキュリティ対策を施していない機器をインターネットに接続すると，直ちに攻撃が開始され，しばらくすると不正侵入されてしまう状況である．後者の根拠も誤りであり，攻撃者たちは，大規模な攻撃に利用するための踏み台としての機器や，その機器で入力されるクレジットカード番号，その機器の利用者の様々な行動履歴などが目的なのである．

　また，セキュリティ対策用のハードウェアやソフトウェアを導入する際に，マニュアルを十分読まずに，デフォルトの設定が自分の環境にも適用できると思い込み，不適切な設定のままで運用を開始してしまう場合がある.

(4) 怠　慢

　セキュリティ対策を施した方がよいことを理解していても，実施が遅れてしまうことがある．他にやらなくてはならないこととの優先順位が原因の場合や，ただ単に面倒臭いという場合などがある.

(5) 騙されやすい

　人間は騙されやすい性質を有している．巧妙なうまい話に乗せられてしまうことや，「振り込め詐欺」に見られるように，単純な詐欺であるにもかかわらず，多くの人々が騙されてしまうような事例がある.

(6) 未経験

　人間は，未経験の状況に適切に対処することができない．企業などの組織においては，情報セキュリティ事故が発生した場合の対応手順をあらかじめ

定めておかないと混乱が生じる可能性がある．また，対応手順があらかじめ
定められていても，事前の訓練が十分でないと，手順どおりに遂行すること
ができない可能性がある．

4.1.2 技術的脆弱性

(1) バグ（欠陥）

工業製品の設計・開発・製造過程において，様々な原因による欠陥が発生
することがある．欠陥が発生する頻度，および，それらの欠陥が動作テスト
などによって発見される割合は，製品の構造の複雑さや部品点数の影響を受
ける．

ICT 製品以外の場合，構造の複雑さや部品点数が増加するほど製造が困
難になるため，構造の複雑さや部品点数にある程度の限度がある．そのため，
欠陥が発生する頻度もある程度以下であり，また，販売後に欠陥を修正する
には大きなコストが掛かるため，発生した欠陥のほとんどは販売前に修正さ
れる．

ICT 製品は通常，ハードウェアとソフトウェアから構成されており，ハー
ドウェアについては ICT 製品以外の場合と概ね同様である．ただし，半導
体集積回路については，製造方法が特殊であるため，通常の工業製品とは異
なり，膨大な数の半導体部品を集積することができ，集積度も向上し続けて
おり，ICT の急速な進展の原動力となっている．

一方，ソフトウェアは製造時にはコピーされるだけであるので，構造の複
雑さや部品点数が増加しても製造が困難になることはなく，また，販売後に
欠陥を修正することも比較的容易である．そのため，ソフトウェアは，それ
を格納して実行するハードウェアの進歩にも助けられながら，構造の複雑さ
や部品点数が増加してきた．我々が利用しているソフトウェアにも，構造の
複雑さや部品点数という観点で見た場合，人類史上最大級の創造物のひとつ
といえるようなものがある．構造の複雑さや部品点数が増加するのに伴って，
発生する欠陥も増加し，ソフトウェアは多数の欠陥を含んだまま販売される

ことが常態化している.

(2) セキュリティホール

ICTシステムに含まれる欠陥のうち,攻撃者に悪用されるものがセキュリティホールである.

(3) フォン・ノイマン・アーキテクチャ

現在利用されているほぼすべてのコンピュータはフォン・ノイマン・アーキテクチャを採用しており,プログラムとデータは,区別なく,書き換え可能なメモリーに格納されている.そのため,セキュリティホールが存在すると,攻撃者によってメモリーに悪意のあるプログラムやデータを書き込まれてしまう可能性がある.

(4) デジタルデータ

人類は,世の中の様々な情報をデジタルデータに変換することで,ICT社会を築き上げてきた.ICTシステムで高度な情報を扱おうとすると,デジタルデータも大容量になるが,現代のICT機器やメディアを用いると短時間で劣化することなくコピーや処理することができ,また,現代の情報ネットワークを用いると短時間で劣化することなく伝送することができる.そのため,セキュリティ的に保護されていないデジタルデータは,攻撃者による盗難や改ざん,知的財産権侵害などが容易に行われる可能性がある.

(5) 情報ネットワーク

ICTシステムは,コンピュータなどの機器が情報ネットワークで接続されたものであり,情報ネットワークには,電線や光ファイバーを用いた有線ネットワークと,電波や赤外線などを用いた無線ネットワークがある.コンピュータなどの機器は,通常,人間の目が届く範囲や施錠可能な室内などに存在するため,セキュリティ的に管理することが容易である.しかし,情報ネットワークについては,世界中に張り巡らされている有線ネットワークシステムや,アンテナから空中に放出される電波などのすべてを,攻撃者による盗聴や改ざん,破壊などから守ることは困難である.

(6) 短縮 URL

短縮 URL は，Web ページなどを指し示す長い URL を短縮したものである．アクセスする前に本来の URL を表示しないようなシステムでは，人間が URL の正当性を判断することができないため，利用者が不正な Web ページにアクセスしてしまう可能性が高まる．

4.1.3 物理的脆弱性

(1) 電子回路，電子部品，半導体集積回路，配線

ICT 機器は，半導体集積回路などの電子部品を配線で接続した電子回路により構成されている．

電子回路は水に弱く，水が付着すると，電流が不適切に流れてしまったり，電子回路を構成している金属が錆びてしまったりすることがある．水が直接付着しなくても，湿度が高くなると錆が発生しやすくなり，高湿度と埃が重なると埃の部分を電流が流れてしまうことがある．

反対に，湿度が低くなると，静電気放電が発生しやすくなり，異常電流（サージ）によって半導体集積回路の内部が破壊されてしまったり，放射ノイズによって電子回路が誤動作したりすることがある．

電子部品は，高温や低温の影響を受け，性能が低下したり誤動作したりすることなどがある．また，電子部品が動作するときに使用した電気エネルギーは最終的に熱になるため，大きな電力を消費する半導体集積回路は，熱を逃がしてやらないと，最悪の場合，自分の熱で溶けてしまうことがある．

電子回路には，電子部品どうしを接続する配線が必要であるが，配線はその長さや形状に応じたアンテナとしても機能してしまう．そのため，付近の配線などから発信された電波が配線に届くと，受信されてノイズになってしまう．

半導体集積回路は，放射線の影響を受けて誤動作をすることがある．様々な種類の放射線があるが，透過力が高いものは半導体集積回路の動作に影響を及ぼすことがある．

　電子部品内の金属部分では，流れる電子との相互作用によって徐々に欠損が生じていく（エレクトロマイグレーション）．半導体集積回路の高集積化，微細化が進むほど影響が大きくなる．

(2) ハードディスクドライブ

　ハードディスクドライブは，データの記憶に磁気を利用する記憶装置であり，電子回路に加えて，磁気媒体などの化学部品やモーターなどの機械部品から構成されている総合装置である．そのため，電子回路の脆弱性に加えて，化学的や機械的な脆弱性を併せ持ち，非常に繊細である．

(3) 光ディスク

　光ディスクは，レーザー光により記録材料を化学変化させることでデータを記録するメディアである．保管中の光ディスクにおいて，光や高温，高湿の影響を受け記録材料の化学変化が徐々に進行すると，記録されたデータが破壊されてしまう．

　また，データ記録面側に傷がつくとデータの読み取りに支障が生じるが，データ記録面側の保護層はある程度の厚さがあるため，保護層の表面を研磨することにより傷を除去することができる．しかし，CD のレーベル面側は，レーベルのすぐ下にデータ記録層があるため，ボールペンなどの先が固い筆記具でレーベルにタイトルなどを書き込むと，データ記録層を破壊してしまうことがある．

(4) 電子式電源スイッチ

　従来の ICT 機器の電源スイッチは機械式のものが標準的であったが，現代の ICT 機器は利便性のために電子式のものを採用する場合が多い．何らかの原因により ICT 機器が想定外の動作を始めた場合，電源スイッチが機械式の場合は確実に電源を切断することができるが，電源スイッチが電子式の場合は電源スイッチを操作しても電源を切断できなくなる可能性がある．その場合，電源コンセントからの電源で動作している機器は，電源コンセントから電源プラグを抜けばよく，また，バッテリーからの電源で動作している機器は，バッテリーを取り外せばよい．しかし，バッテリーを容易に取り

外すことができない機器も多く，これらの機器は，電源を切断できなくなる
可能性がある．

(5) 光ファイバー

　光ファイバーは，非常に細いガラスまたはプラスチックのケーブルの中を，
光が全反射や屈折しながら進んでいくものである．そのため，急なカーブで
曲げると，光が漏れてしまって性能が低下したり，光ファイバーが折れて断
線したりすることがある．

4.2　情報資産に対する脅威

4.2.1　人的脅威

(1) 操作ミス

　一般の利用者だけでなく，経験を積んだプロのオペレーターでも，様々な
原因のために操作ミスを犯してしまうことがある．そのため，起こり得るす
べての操作ミスを事前に想定しておかなければならない．

(2) 破　損

　ポータブル ICT 機器の操作中や運搬中に落下させるなどして，ICT 機器
を破損させてしまうことがある．破損により，ICT 機器を用いたサービス
を利用できなくなるとともに，ICT 機器内に保存されていたデータにアク
セスできなくなる．

(3) 紛　失

　ポータブル ICT 機器を屋外に持ち出した際に，紛失させてしまうことが
ある．紛失により，ICT 機器内に保存されていたデータにアクセスできな
くなるだけではなく，ICT 機器内に保存されていた情報が漏洩する可能性
もある．

(4) 漏　洩

　電子メールを送信する際に，宛先を間違えたり，添付するファイルを間違
えたりするなどして，誤って情報を漏洩させてしまうことがある．また，情

報を公開する対象を設定する際に，誤った設定によって情報を漏洩させてしまうことがある．

　写真データには撮影位置や撮影日時などの個人情報が記録されている場合があり，そのままのデータを他者が閲覧可能な状態にすると個人情報が漏洩する．また，利用する際に位置情報が記録される機能を持つ SNS の場合，設定状態によっては個人情報が漏洩する．Microsoft Office の Word や Excel，PowerPoint などで作成されたファイルには，初期状態ではユーザー名などの個人情報が記録されるようになっており，そのままのファイルを他者が閲覧可能な状態にすると個人情報が漏洩する．

　懸賞などに応募する際には通常，個人情報を要求される．懸賞実施者は，プレゼント商品と引き換えに多数の個人情報を得ることができ，懸賞応募者は，個人情報と引き換えにプレゼント商品を受け取ることができる可能性を得る．懸賞などに応募する際には，それによって得られる利益と，個人情報を懸賞実施者に意図的に漏洩することによる損失とのバランスを十分に検討しなければならない．

(5) クラウド・コンピューティング

　クラウド・コンピューティングは，事業者などが提供する ICT サービスを，インターネットを経由して利用する形態であり，広く普及している．個人向けの SNS やオンライン・ストレージサービス，電子メールサービスなどもこの形態である．様々な利点があるが，個人情報などが含まれるデータをクラウド事業者に預ける必要があり，利用者が自らの個人情報をクラウド事業者に意図的に漏洩していることになる．そのため，クラウド事業者が利用者のデータをどのように利用するのかということに注意する必要がある．

　また，利用者のデータが国外のデータ・センターに保存される場合は，法律や制度などが異なる．

(6) ソーシャルエンジニアリング

　技術的な方法ではなく，人間や社会の性質などを悪用して不正な行為を行うことをソーシャルエンジニアリングといい，様々な方法が存在する．

　キャッシュカードの暗証番号やログイン時のパスワードなどを入力する際に，背後から盗み見るような方法をショルダーハッキングという.

　ゴミとして捨てられた書類などから価値のある情報を入手する方法をスキャベンジング（scavenging），あるいは，トラッシング（trashing），ダンプスター・ダイビング（dumpster diving）という.

　オートロックのドアを正規に通過する者の直後に続いて不正に通過する方法をピギーバッキング（piggybacking）という.

　社員を装ってシステム管理部門に電話をかけて言葉巧みに認証に必要な情報を聞き出したり，銀行員を名乗ってキャッシュカードの暗証番号を聞き出したりするなどの「なりすまし」による方法がある.

　また，企業などになりすまして偽電子メールを送りつけ，受信者に，偽電子メールに記載してある偽Webページにアクセスさせ，パスワードなどの個人情報を入力させるような攻撃方法をフィッシング（phishing）という.企業などが使用しているロゴ・マークやデザインを用いるなどして信用させ，もっともらしい理由により個人情報を入力させるように仕組まれている.SMSを用いたフィッシングを，SMSフィッシングやスミッシング（smishing）という.

(7) 標的型攻撃

　標的型攻撃は攻撃対象を特定の対象に絞った攻撃である. たとえば，攻撃対象の企業に関する情報を事前に収集した後，その企業の従業員へ同僚からのものを装った電子メールを送りつけ，警戒感を弱めさせて不正なコンテンツへ誘導するなどの方法がある.

(8) 部内者による不正行為

　通常の組織においては，部外者が物理的に敷地内に侵入することや，技術的に内部ネットワークに侵入することなどを防ぐセキュリティ対策が施されている. しかし, これらのセキュリティ対策は部内者には適用されないため，部内者は部外者よりもはるかに容易に不正行為を行うことができる. そのため，部内者が自らの利益のために不正行為を行う事例や，部外者が部内者を

脅して不正行為を行わせる事例がある.

(9) サボタージュ

　様々な原因により，セキュリティ対策を施すことを失念したり，施すことが遅れたりすることがある．脆弱性情報が公表されると直ぐにその脆弱性を用いた攻撃が開始されるため，セキュリティ対策を速やかに施すことが必要である.

(10) 利用規約

　長文の利用規約の中に，利用者に不利益をもたらすような内容などを記載しておき，利用開始時に一括して承諾させてしまう場合があるため，注意が必要である.

4.2.2　技術的脅威

(1) ゼロ・デイ攻撃

　ICT システムのセキュリティホールが発見されると，それに対する対策が公表される以前に，そのセキュリティホールを用いた攻撃が開始される事例があり，ゼロ・デイ攻撃と呼ばれている.

　また，攻撃者のみが把握しているセキュリティホールを用いた攻撃が，セキュリティ関係者にそのセキュリティホールが発見されて対策が講じられるまで行われていた事例もある.

(2) マルウェア

　マルウェア (malware) は悪意のある (malicious) ソフトウェア (software) の総称であり，ウィルス，もしくは，コンピュータ・ウィルスと総称されることもある．性質により，ウィルスやワーム，トロイの木馬，スパイウェア，アドウェア，ランサムウェア，悪意のあるインターネットボットなどに分類されている．インターネットボットは，人間の代わりに様々な情報を収集したり処理したりするものの総称であり，検索エンジンのために世界中の Web ページを収集しているものなどもある.

　以前のマルウェアは，ICT に精通した者が自身の技術力を誇示するため

や楽しむために作成したものがほとんどであり，インパクトのある症状を発現するものが多かった．ところが現代のマルウェアは，金銭や業務妨害などのために作成されたものが主流であり，発症すると駆除されてしまうため，発症せず密かに潜伏し続け，パスワードなどの個人情報を収集して攻撃者に送信したり，攻撃者からの指令により指定されたサイトに攻撃を仕掛けたりする．また，流通しているマルウェア作成ツールを入手すれば，専門知識が十分でなくてもマルウェアを作成することができる．

　以前のマルウェアは，多数の機器に次々と感染を広げるものが主流であった．そのため，最初に発見されたサンプルのパターンをマルウェア対策ソフトウェアに速やかに登録することで，別の機器へ感染が広がることを防ぐことが可能であった．ところが現代では，マルウェア作成ツールを用いて，攻撃対象ごとに別々のパターンのマルウェアを作成し，事前に様々なマルウェア対策ソフトウェアで検出されないことを確認してから使用されるため，このタイプのマルウェアを確実に検出することは困難である．

(3) ドライブバイ・ダウンロード攻撃

　ドライブバイ・ダウンロード攻撃は，マルウェアを埋め込んだ Web ページが表示された際に，表示者に気づかれずに感染させてしまう攻撃である．攻撃者が広告サイトに不正にマルウェアを埋め込み，Web ページに添え物として表示される広告部分を介して攻撃を行うことがあるため，注意が必要である．

(4) ゾンビコンピュータ，ボットネット

　悪意のあるインターネットボットなどのマルウェアが潜み，攻撃者が操ることができるコンピュータをゾンビコンピュータという．攻撃者が自らの身元を隠したり，攻撃力を増幅したりするために，不正アクセスや迷惑メール配信を中継するための踏み台として利用される．多数のゾンビコンピュータで構成されるネットワークをボットネットといい，大規模な不正アクセスや大量の迷惑メール配信のために利用される．ボットネットは，管理者が自ら利用するだけではなく，販売されたりレンタルされたりもしている．

(5) DoS 攻撃，DDoS 攻撃

　サーバなどの ICT システムに対して処理能力を超える大量のリクエスト
を送りつけたり，ICT システムに含まれるセキュリティホールに対して攻
撃を行ったりすることにより，攻撃対象の ICT システムがサービスを提供
できなくなるようにする攻撃を DoS（denial-of-service）攻撃という．また，
多数のゾンビコンピュータなどから一斉に DoS 攻撃を仕掛ける攻撃を
DDoS（distributed DoS）攻撃という．

　通常，サーバは高性能なシステムで構成されているが，DDoS 攻撃を用い
れば，サーバの処理能力を超えるリクエストを送りつけることは容易である．
また，特定少数の機器からの大量のリクエストであれば，それらの機器から
のリクエストを遮断すれば防御することが可能であるが，多数の機器からの
正常なリクエストの場合は，悪意のあるリクエストか否かを判定することは
困難である．

(6) 盗聴，スニッフィング

　情報ネットワークを流れるデータや，ICT システム内に保存されている
データなどが，第三者によって不正に読み取られてしまう可能性があり，こ
のような行為を盗聴またはスニッフィング（sniffing）という．同一の LAN
（local area network）内の機器間における盗聴は比較的容易であるため，一
台の機器が不正侵入されると，その周辺の機器も危険にさらされることにな
る．

　ICT 機器へのキー入力を盗聴するものをキーロガー（keylogger）という．
コンピュータなどに潜み，キーボードから入力されたデータを盗聴するマル
ウェアをソフトウェア・キーロガーといい，デスクトップコンピュータの本
体とキーボードの間に割り込ませて盗聴する機器をハードウェア・キーロ
ガーという．情報ネットワークを経由するデータに暗号化対策を施しても，
キーロガーを用いれば暗号化される前のデータを盗聴することが可能であ
る．

(7) 改ざん

　情報ネットワークを流れるデータや，ICT システム内に保存されている
データなどが，第三者によって不正に変更されてしまう可能性があり，この
ような行為を改ざんという．

(8) なりすまし，スプーフィング

　第三者が正規の利用者のふりをすることにより，正規の利用者になりすま
し，不正なアクセスを行うことがある．インターネットの通信プロトコル（通
信規約，通信手順）である IP（Internet Protocol）の仕組みを悪用する IP
スプーフィング（spoofing）など，様々な攻撃方法がある．

　Web サイトが利用者を識別するなどのために利用者の機器に保存する情
報である cookie（クッキー）を奪うことにより，ログイン中の正規利用者
になりすます HTTP セッション・ハイジャックという攻撃方法があるが，
別項のクロス・サイト・スクリプティングを併用することにより，通信を暗
号化していても防御できない場合がある．

(9) 中間者攻撃，マン・イン・ザ・ブラウザ攻撃

　中間者（man-in-the-middle，MITM）攻撃は，攻撃者が送信者と受信者
の間に入り込み，送信者が送信したデータを受信者になりすまして受信し，
盗聴や改ざんしたデータを送信者になりすまして受信者に送信するような攻
撃である．

　マン・イン・ザ・ブラウザ（man-in-the-browser，MITB）攻撃は，攻撃
者が Web ブラウザの通信データを盗聴や改ざんする攻撃である．インター
ネットバンキングサービスにおいて，高度な利用者認証を実施しているにも
かかわらず，正規利用者による送金指示に含まれる送金先口座番号や送金金
額の部分を改ざんすることにより，攻撃者の口座へ不正送金させることが可
能になる．

(10) クロス・サイト・スクリプティング

　Web ページを動的に生成する Web サイトに含まれる，攻撃者が仕込んだ
悪意のあるスクリプトを除去せずに送り出してしまうクロス・サイト・スク

リプティング（cross-site scripting, XSS）脆弱性というセキュリティホールを悪用し，Web ブラウザに悪意のあるスクリプトを実行させる攻撃である．Web ブラウザで Web サーバから送られて来るスクリプトを区別することは難しいため，Web ブラウザにおいて可能な対策としては，すべてのスクリプトの実行を禁止することしかないが，現実的ではない．また，利用者において可能な対策としては，このセキュリティホールを有している Web サイトを利用しないことであるが，利用者がセキュリティホールの有無を確実に判断することは困難である．

(11) 位置情報サービス

位置情報サービスを利用すると，ポータブルな ICT 機器を用いて，現在地情報に基づいたサービスを受けることができる．ICT 機器は自身の現在地を知るために衛星測位システム位置情報や携帯電話基地局位置情報を利用することができるが，衛星測位システム位置情報はロケーションによっては得られない場合があり，携帯電話基地局位置情報は精度が低い．そのため，位置情報サービス事業者たちは，個人などが設置している無線 LAN アクセスポイントからの電波を利用して現在地を決定できるようにするために，無線 LAN アクセスポイント位置情報データベースを構築している．位置情報サービスを利用中で既に現在地がわかっている ICT 機器が無線 LAN アクセスポイントからの電波を受信すると，その電波に含まれる無線 LAN アクセスポイントの MAC アドレス（物理アドレス）と現在地情報を事業者に送信することによりデータベースに登録される仕組みである．位置情報サービスの利用者は通常，サービスを利用できることと引き換えに自身の位置情報を事業者に把握されてしまうことに対する許諾を求められるが，無線 LAN アクセスポイントの所有者は，アクセスポイントの位置がデータベースに登録されることに対する許諾を求められることはない．

この問題が表面化して以降，一部の事業者たちがそれぞれ独自に，無線 LAN アクセスポイント所有者がデータベースからオプトアウトできる方法を実装し始めている．

(12) DPI

DPI（deep packet inspection）はネットワークを流れるデータを詳細に調べる技術である．もともとは，マルウェアや不正アクセスを検知するために開発された技術であり，セキュリティ機器などで利用されている．この技術を，利用者とインターネットを仲立ちするインターネットサービスプロバイダーが利用すると，利用者がインターネット空間で行った行動を把握することが可能になる．また，個人情報が蓄積されるため，攻撃者にとって魅力的な攻撃対象になり得る．

無線 LAN アクセスポイントを無料で開放してインターネット接続サービスが提供されているような場合は，提供者がサービスを無料で提供する理由をよく考えてみる必要があり，妥当な理由が見当たらない場合には注意が必要である．DPI 技術を用いて，利用者の個人情報を密かに収集している可能性がある．

(13) Web トラッキング

様々な Web トラッキング技術を用いて，様々な Web 事業者が Web 利用者の行動を追跡している．また，個人情報が蓄積されるため，攻撃者にとって魅力的な攻撃対象になり得る．

(14) クラウド・コンピューティング

クラウド事業者には，クラウド利用者の個人情報などが含まれる膨大なデータが集積されるため，攻撃者にとって魅力的な攻撃対象になり得る．

(15) データ復旧，データサルベージ

様々なデータ復旧技術を用いると，故障したハードディスクドライブなどからデータを読み出したり，削除したファイルを復旧したりすることなどが可能である．この技術を用いると，廃棄されたハードディスクドライブなどからもデータを読み出すことが可能であり，情報が漏洩する可能性がある．

(16) パスワード・クラック，パスワード・クラッキング

パスワード・クラックはパスワードを不正に探り当てることである．ソーシャルエンジニアリングや盗聴によりパスワードそのものを入手する方法

や，コンピュータを用いて機械的に生成して試していく方法などがある．コンピュータを用いて生成する際には，文字を順番に並べていくだけではなく，様々な辞書の語句や収集した個人情報と組み合わせることなども行う．

(17) 電力＆データ通信共用ポート

　充電ケーブルや充電サービスなどにデータ通信による攻撃を行う部品などを仕込む攻撃方法があるため，電力とデータ通信を共用するポートを使用する際には注意が必要である．

4.2.3　物理的脅威

(1) 故　障

　故障せずに稼働し続けるハードウェアは存在しない．一般的にハードウェアの故障率は，稼働開始直後は高く，その後，低くなっていき，ある程度の値で安定するとその状態がある程度の期間続き，その後，高くなっていくような経過をたどる．

　稼働開始直後の故障率が高いのは，製造工程や材料などの不安定性により，機器に欠陥が生じてしまうものがある程度発生するからである．この期間を初期故障期間といい，この期間の故障を初期故障という．

　故障率が安定している期間は偶発故障期間といい，この期間の故障を偶発故障という．この期間の故障率は，他の期間より低くなるが，ゼロにすることは困難である．

　故障率が急激に高くなっていく期間は摩耗故障期間といい，この期間の故障を摩耗故障という．摩耗故障が発生する時期が，その機器の寿命である．

(2) ソフトエラー

　ICT機器が何らかの原因により一時的に誤動作することである．我々が日常的に利用しているICT機器において，自然界にもともと存在している自然放射線によって，半導体メモリーに記憶されていたデータの値が変更されることなどが確率的に起こっている．

　これに対し，記憶装置などの一部が故障し，その部分のデータに永続的に

アクセスできなくなることなどをハードエラーという.

(3) 放射線

　放射線の影響により半導体集積回路はソフトエラーを起こし，放射線が増加するとソフトエラーの発生確率も増加する.地表からの高度が増加すると，宇宙からの放射線が増加する.

　宇宙からの放射線は，地球上の広い範囲に影響を及ぼすため，太陽活動などの変動により，広い範囲に同時に強い影響が及ぶ場合がある.災害対策などのために，離れた場所に分散配置したICT機器で，同時に多量のソフトエラーが発生する可能性がある.

(4) 光

　光の影響により光ディスクの劣化が進行する.光の量が増加すると，劣化が進む速度も増加する.

(5) 電磁ノイズ

　電気を利用する様々な機器や送電線などから様々な電磁ノイズが発生しており，ICT機器の動作に悪影響を与える可能性がある.ICT機器も電磁ノイズ源であり，自分自身や他のICT機器の動作に悪影響を与える可能性がある.

(6) 静電気放電

　半導体集積回路や電子回路は静電気放電に弱い場合があり，低湿度環境では静電気放電が発生しやすくなる.また，床や履物，衣類などの材質や組み合わせによっても影響を受ける.

(7) 磁場（磁界）

　磁場（磁界）の影響により，磁気カードやハードディスクドライブに磁気的に記録されているデータが劣化することがある.ハードディスクドライブにおいては磁気記録面が露出していないので，ある程度以上の磁場でなければ影響はない.

(8) 高温，低温，高湿，低湿

　ICT機器やメディアなどには，動作時や保存時の温度および湿度範囲が

指定されており，範囲を逸脱すると正常に機能しなくなる可能性がある．利用者や管理者は温度および湿度環境をコントロールするために，空調装置などを適切に運用する必要がある．

(9) 水，結露

水がかかった場合や水没はもちろんのこと，低い温度の空間にあった ICT 機器を暖かい空間に移動させると発生する結露も大敵である．

(10) 埃

電子回路に埃が付着した状態と高湿度が重なると，湿気を帯びた埃の部分を想定外の電流が流れてしまうことがある．また，埃が通風孔をふさぐことにより，ICT 機器内部の冷却を妨げてしまうことがある．

(11) 衝撃，振動

ハードディスクドライブは精密機器であるので，衝撃や振動の影響を受けやすい．高速で回転するプラッタ（データを記録する円盤）と磁気ヘッド（プラッタ上の磁性体を磁化したり，磁化状態を読み取ったりする部分）は非常に接近しており，衝撃などの影響で両者が接触（ヘッド・クラッシュ）すると破損する場合がある．

(12) 停　電

バッテリーを搭載していない ICT 機器は，停電が発生すると，正常な終了処理を経ずに停止することになり，電源復帰後に正常に動作できなくなる場合がある．

(13) 雷サージ

雷の影響による異常な高電圧や大電流のことであり，電源線や通信線，アンテナ線などを経由して ICT 機器に到達すると，電子回路が破壊される場合がある．

(14) その他の自然災害や事故

その他の自然災害や事故による影響で，上記したような物理的脅威が発生する場合がある．

4.3　情報セキュリティ対策

4.3.1　人的セキュリティ対策

(1) 安全意識

　本章で示しているように，情報資産の安全性を完全に保障してくれるような技術は存在しない．技術で対応できない部分は，人間が直接対応しなければならない．100％安全な状態は永久に訪れず，現状よりもより安全な状態を求めて，努力し続けなければならない．

(2) 教　育

　ICT 社会で安全に生活するには，本章で解説しているような事項を理解している必要があり，様々な教育機会を用いて情報セキュリティに関する理解を広めてゆく必要がある．

(3) 学　習

　ICT は非常に速い速度で変化しているため，変化に合わせて学習し続けなければならない．

(4) 批判的思考

　世の中には，悪意を持った者や，自分の利益を最大化することだけを考えている者などが存在していることを，常に念頭に置いていなければならない．Web ページのリンクをタップやクリックする際には，そのリンクを疑い，電子メールの添付ファイルを開く際には，差出人などを疑わなければならない．また，利用規約やアプリが要求するアクセス許可などの妥当性にも注意が必要である．特に，うまい話やあわてさせる話には最大級の注意が必要である．

(5) 情報セキュリティポリシー

　組織における情報セキュリティ対策を確実なものにするために，基本方針や対策基準，実施手順，運用規則などを策定しておくと有効である．しかし，策定するだけでは不十分であり，すべての構成員に周知徹底するために，継

続的に教育や訓練などを実施する必要がある.

(6) ユーザー名とパスワード

　利用者は, パスワード・クラックされないように, ユーザー名とパスワードを管理する必要がある. ユーザー名が漏洩するとパスワード・クラックが容易になるので, ユーザー名を公開するべきではない. ユーザー名と電子メールアドレスを関連させる必要がない場合は, ユーザー名を類推されにくい電子メールアドレスを使用すべきである. パスワードは, 文字数を長くし, 文字種を多くし, 推測されやすい文字列を避けるほどパスワード・クラックされにくくなる. また, パスワードの使い回しは危険である.

4.3.2　技術的セキュリティ対策

(1) ソフトウェアアップデート, セキュリティアップデート, 品質更新プログラム

　ICT システムには概ね何らかのセキュリティホールが含まれており, 製造元からそれらを修正するためのソフトウェアアップデートが提供された場合は, 迅速に適用する必要がある. ソフトウェアアップデートによるトラブルが発生する事例があるため, 数日間程度待ってから適用する戦略もあり得るが, その場合は未適用リスクとのトレードオフになる.

　Android については, スマートフォンメーカーが独自の変更を施している場合があるため, 開発元の Google がソフトウェアアップデートを提供しても, 即時にソフトウェアアップデートが提供されないことがあるので, 注意が必要である.

　ブラウザにインストールしていた拡張機能が, 何らかの原因により, あるバージョン以降マルウェア化し, 自動更新後に悪影響を及ぼし始める事例があるため注意が必要である.

(2) マルウェア（ウィルス）対策ソフトウェア

　マルウェア（ウィルス）対策ソフトウェアは ICT 機器にインストールされ, マルウェア（ウィルス）を検出したり駆除したりするものである. 基本的に

は，既に発見されたマルウェアの情報が登録されているデータベースを用い
て検出するため，データベースをダウンロードして使用するタイプの場合は，
データベースを常に最新のものにアップデートしている必要がある．また，
有料のマルウェア対策ソフトウェアの多くはアップデート可能期間が限定さ
れているため，注意が必要である．

　現代のマルウェアは攻撃対象ごとに新規に作成されるため，データベース
に登録されていないマルウェアを検出する技術の開発競争が行われている．
しかし，マルウェア作成者の技術も同様に向上しており，普及しているマル
ウェア対策ソフトウェアによって検出されないことを事前に確認した上で攻
撃に使用するため，完璧に検出できるようになることはないであろう．新型
マルウェアに対しては非力であっても，現在でも従来型のマルウェアが存在
しているため，マルウェア対策ソフトウェアを使用することは有益である．

　一般的には，有料のマルウェア対策ソフトウェアの方が機能や性能が優れ，
設定や管理も容易であるが，オペレーティングシステムに標準装備されてい
るものや無料のものでも十分実用になるものもある．反面，問題を有するも
のもあるので，注意が必要である．

(3) ファイアウォール

　ファイアウォールは組織内ネットワークと組織外ネットワークの境界や，
コンピュータとネットワークの境界に介在し，流れるデータを制御すること
により，組織内ネットワークやコンピュータを守るものである．

　以前のファイアウォールは，外部から内部へ流れるデータを厳重に制御し，
内部から外部へ流れるデータは厳重に制御しないものが主流であった．しか
し現代では，コンピュータに潜んだマルウェアが金銭目的の攻撃者にパス
ワードなどを送信する事例や，コンピュータがゾンビ化される事例などが多
発しているため，内部から外部へ流れるデータも厳重に制御するようになっ
ている．

　しかし，パソコン用のオペレーティングシステムに標準装備されている
ファイアウォールは，外部から内部へ流れるデータの制御に主眼を置いたも

のである．そのため，内部から外部へ流れるデータを容易に制御するには，何らかのファイアウォールソフトウェアを追加インストールした方がよいと思われる．一般的には，有料のファイアウォールソフトウェアの方が機能や性能が優れ，設定や管理も容易であるが，無料のものでも十分実用になるものもある．有料のものは，マルウェア（ウィルス）対策ソフトウェアなどと統合されたセキュリティソフトウェア製品として販売されていることが多い．

　コンピュータにインストールされたファイアウォールが，安全であると判断できない通信が行われようとするのを検出すると，利用者に通信の可否を尋ねるポップアップメッセージを表示する場合がある．これは非常に重要なメッセージであるので，内容を理解できないまま，安易に許可することがあってはならない．

　家庭内のネットワークに家電品やプリンターなどの機器が接続されている場合，通常，それらの機器にファイアウォールソフトウェアをインストールすることはできないので，家庭内のネットワーク全体をインターネットから守る必要がある．家庭向けに販売されているブロードバンドルーターを，家庭内ネットワークとインターネットの境界に設置することが，最もコストパフォーマンスに優れた解決策であろう．インターネット接続サービスによっては事業者がブロードバンドルーターを提供する場合がある．なお，ブロードバンドルーターは基本的なファイアウォール機能を有しているが，家庭内のコンピュータに潜んだマルウェアからのすべての通信を検出することはできないため，ブロードバンドルーターを設置していても，コンピュータに対するファイアウォール対策も必要である．

(4) デジタル署名

　データにデジタル署名を施すことにより，署名者の検証や，データが改ざんされていないことの検証をすることができる．事前に，署名者がペア関係にある署名鍵データと検証鍵データを生成し，署名鍵は秘密にし，検証鍵を公開しておく．署名者がデータと署名鍵を所定の手順に従って計算すると署

名データを生成でき，検証者がデータ，署名データと検証鍵を所定の手順に従って計算すると検証できる．当然のことながら，署名鍵を持たない者が署名データを偽造することが困難な仕様になっている．たとえば，送信者が送信データに自らのデジタル署名を添えておけば，受信者は，送信者の検証や，受信データが改ざんされていないことの検証をすることができる．

　デジタル署名が有効に機能するには，誰の検証鍵であるかを保証する仕組みが必要である．あらかじめオペレーティングシステムや Web ブラウザなどに認証局の検証鍵が含まれる証明書を格納しておき，新たに検証鍵を生成した署名者は，認証局の審査を経て，検証鍵と持ち主情報を含み認証局の署名鍵で署名された証明書を発行してもらう．署名者の証明書を入手した検証者は，あらかじめ格納されている認証局の検証鍵を用いることで，確かに署名者の検証鍵であることを検証できる．

　オペレーティングシステムや Web ブラウザなどに不正な認証局の証明書が格納されていると，偽物の署名者に騙されるため，ICT 製品を入手する際には注意が必要である．

(5) 暗号化

　データを暗号化することにより，盗聴や盗難，漏洩から守ることができる．事前に，暗号化者と復号者のそれぞれが，もしくは復号者が，関係性を有する秘密鍵データと公開鍵データを生成し，秘密鍵は秘密にし，公開鍵を公開しておく．そして，それらの鍵データを用いて，暗号化者が暗号化鍵データを，復号者が復号鍵データを準備する．暗号化者が元データと暗号化鍵を所定の手順に従って計算（暗号化）すると暗号化データを生成でき，復号者が暗号化データと復号鍵を所定の手順に従って計算（復号）すると元データを生成できる．

　暗号化者と復号者が異なる場合に暗号化が有効に機能するには，誰の公開鍵であるかを保証する仕組みが必要であり，デジタル署名の場合と同様に，公開鍵と持ち主情報を含み認証局の署名鍵で署名された証明書を用いる．

　元データ以上の長さの暗号化鍵データを毎回使い捨てにすれば，復号鍵

データを用いない計算（解読）で元データに戻すことは不可能（情報理論的に安全）であるが，非常に多くのコストが掛かる．そのため，現在通常に使用されている暗号は，現代のコンピュータを用いて現実的な時間で解読困難（計算量的に安全）な仕様になっている．すなわち，現在我々が使用している暗号は，未来永劫にわたって解読され得ないものではなく，ある程度の期間の間，解読されることが困難なものである．新しいコンピュータやアルゴリズムが発明されると，現実的な時間で解読されてしまう可能性がある．

　Web ブラウザが暗号化通信を開始しようとする際，相手サイトの暗号化手続きに不備がある場合は，警告メッセージを表示して利用者に接続続行の可否を尋ねる．これは非常に重要なメッセージであるので，安易に許可することがあってはならない．一方，正常に暗号化された通信が開始されたり，相手サイトの所有者名が確認できたりした場合であっても，相手サイトにセキュリティホールが存在しないことや，その所有者が信用できることを示しているわけではない．

　インターネットを用いて買い物などをする際には，通常，利用者が入力したクレジットカード番号などは，途中のネットワークにおいて盗聴されても支障がないように，暗号化されて相手のサイトに届けられる．しかし，届けられたクレジットカード番号などに対する管理体制はサイトごとに異なっており，相手のサイトから流出してしまった事例があるので，注意が必要である．

　無線 LAN の暗号化方式は歴史的に複数の方式が存在し，無線 LAN アクセスポイントでは，古い ICT 機器との無線接続をサポートするために，現在では安全ではなくなってしまった暗号化方式も選択可能になっているので，注意が必要である．現時点においては，WEP や WPA（TKIP），WPA2（TKIP）は十分に安全ではなく，WPA2（AES）や WPA（AES）以上が推奨されている．なお，WPA2 や WPA を，家庭や小規模な組織向けのパーソナル・モード（pre-shared key モード，PSK モード）で使用する場合は，各無線 LAN 機器に同一のパスフレーズを設定する必要があり，

20 文字程度以上のものが推奨されている．パーソナル・モードの WPA2
（AES），WPA（AES）は，それぞれ WPA2-PSK（AES），WPA-PSK（AES）
のように表記される．

(6) エンド・ツー・エンド暗号化

エンド・ツー・エンド暗号化は，データの暗号化者（送信者）と受信者の
みが復号でき，サービス提供者などであっても復号できない暗号化である．

自分が管理するデバイス内のデータをエンド・ツー・エンド暗号化してお
けば，何らかの原因によって流出しても暗号化者以外に復号されることはな
い．同様に，クラウド事業者に預けるデータをエンド・ツー・エンド暗号化
しておけば，クラウド事業者から流出しても暗号化者以外に復号されること
はなく，さらに，クラウド事業者が復号して利用することもできない．

電子メールにおいて，送信者と受信者の間でエンド・ツー・エンド暗号化
を行えば，転送途中に第三者に復号されることはなく，電子メール事業者が
復号して利用することもできない．

エンド・ツー・エンド暗号化機能を備えた様々なサービスが存在し，エン
ド・ツー・エンド暗号化を行うソフトウェアも存在する．

(7) ワンタイム・パスワード，トランザクション認証番号

ワンタイム・パスワードは，認証する機会ごとに異なるパスワードを使い
捨てていくパスワードであり，攻撃者が類推することを困難にする．一定時
間（たとえば，1 分）ごとに異なるパスワードを表示する機器（ハードウェ
ア・トークン）やアプリ（ソフトウェア・トークン）をサービス事業者から
提供される方法や，認証のたびに異なるパスワードがサービス事業者から
SMS や電子メールで送られてくる方法などがある．トークンを用いる方法
の方がより安全であり，トークンを用いる方法の中ではハードウェア・トー
クンの方がより安全である．

トランザクション認証番号は，インターネットバンキングサービスへの取
引指示を構成する重要なデータ（送金先口座番号や送金金額など）を用いて
生成されるワンタイム・パスワードであり，マン・イン・ザ・ブラウザ攻撃

による重要なデータの改ざんを困難にする.

(8) Web サイト安全性評価機能

　Web ブラウザが Web サイトにアクセスしようとする際に，その Web サイトの安全性によってアクセスを制限する機能であり，利用者をマルウェアやフィッシングなどから守ることができる．Web ブラウザメーカー以外によって提供され，別途追加インストールが必要な Web サイト安全性評価ソフトウェアもあるが，現代の Web ブラウザにはこの機能が標準装備されるようになってきている.

　なお，この機能も，基本的にはマルウェア対策ソフトウェアと同様の性質を有するため，危険性を有する Web サイトを完璧に検出することは困難である.

　また，安全性評価をクラウド・システムで行う仕組みの場合は，Web サイトのアクセス履歴を事業者に意図的に漏洩することになるので，注意が必要である.

(9) コンテンツブロッカー

　コンテンツブロッカーは，Web ブラウザなどにおいて，利用者にとって不要なコンテンツをブロックする仕組みである．ブロック対象となるコンテンツは，利用者の行動を追跡するためのトラッカーやトラッキング Cookie，広告，利用者を特定するための情報を収集する Web ブラウザ・フィンガープリント採取スクリプト，利用者のコンピュータに密かに暗号通貨マイニングをさせるスクリプトなどである．広告を介したドライブバイ・ダウンロード攻撃の可能性があるため，広告もブロックしておくと安全である.

　現時点においては，Web ブラウザが備えるコンテンツブロッカーの機能にはかなりの違いがある．また，Web ブラウザに拡張機能として追加できるコンテンツブロッカーも存在する.

　多くの利用者がこれらのコンテンツをブロックすると，利用者に無料で提供されているサービスが成り立たなくなる可能性があるため，様々な模索が続けられている.

(10) ECC メモリー

　ECC（error-correcting code）メモリーは，記憶されているデータが何らかの原因により不適切に変更されてしまった場合に，自らその誤りを検出して訂正することができるメモリーである．これに対し，ECC 機能が搭載されていないメモリーを non-ECC メモリーという．たとえば，64 ビットのデータごとに 8 ビットの誤り検出・訂正用符号を付加して記憶する一般的な ECC メモリーは，（64 + 8）ビットの内，1 ビットの誤りを訂正することができ，2 ビットの誤りを検出することができ，3 ビット以上の誤りには対応することができない．

　ECC メモリーは non-ECC メモリーと比較して，ソフトエラーの発生確率を低減することができるが，高価格である．通常の個人向け ICT 機器には ECC メモリーに対応できないものが多いが，高性能機器や業務用機器などには，ECC メモリーにも対応可能なものや ECC メモリーのみに対応可能なものなどがある．

(11) RAID

　RAID（redundant array of inexpensive disks, redundant array of independent disks）は，複数のハードディスクドライブやソリッドステートドライブ（SSD）を組み合わせて一台のドライブとして使用する仕組みである．RAID を構成する複数のドライブの内の一部が故障しても，RAID 全体としては動作し続けることができるように，本来のデータと，本来のデータから生成した冗長なデータを，各ドライブに分散して記憶させることができる．

　RAID には，RAID の巧みな仕組みを実現する部分が必要であり，この部分の信頼性が RAID の信頼性を左右するので注意を払う必要がある．この部分が故障すると，RAID 全体が停止してしまい，またその際，データ復旧業者でも復旧できない程にデータが破壊されてしまうこともある．

(12) バックアップ

　ICT システムを 100%安全にすることはできないため，ICT システムにど

んなトラブルが起こってもよいように，ICT システム内のデータのバック
アップを取っておく必要がある.

(13) サージプロテクター

サージプロテクターは，雷や静電気放電による異常な電圧や電流（サージ）
から ICT 機器を保護する機器や部品であり，電源ケーブル用や電話線用，
LAN ケーブル用，アンテナ線用などがある. また，サージプロテクターが
組み込まれた電源タップなども存在する.

(14) 無停電電源装置

無停電電源装置は，バッテリーなどを用いて，停電などの場合でも電源供
給を継続することができる電源装置である. 電源コンセントと ICT 機器の
間に無停電電源装置を接続しておくと，停電などが起こっても稼働を継続し
たり，安全にシャットダウンしたりすることができる. 業務用の大型のもの
から家庭用の小型で安価なものまで，幅広く用意されており，サージプロテ
クターが組み込まれたものも多い.

(15) データ復旧，データサルベージ

誤ってファイルを削除した場合，データ復旧ソフトウェアを使用すると復
旧できる可能性がある. ハードディスクドライブのファイルを削除しても，
データが記録されているディスク上の位置などの情報が削除されるだけで，
データはそのまま放置されているからである. ただし，ソリッドステートド
ライブ（SSD）のファイルを削除した場合は，SSD が空き領域を確保する
ために不要な領域を消去してしまう場合がある.

ハードディスクドライブや SSD，光ディスクなどのデータが読み出せな
くなった場合は，データ復旧業者に依頼すると復旧できる可能性がある.

(16) ファイル削除

ファイルを完全に削除するには，ファイルを削除する際に放置されるデー
タも削除する必要があり，ファイルを完全に削除できるソフトウェアを使用
する. ただし，書き換え不能なメディアの場合は，メディアを破壊する必要
がある.

(17) メディア消去

　メディアを廃棄したり譲渡したりする際には，データ復旧技術によって
データを読み取られることができないように消去する必要があり，すべての
データを消去できるソフトウェアを使用する．ただし，書き換え不能なメディ
アの場合は，メディアを破壊する必要がある．

4.3.3　物理的セキュリティ対策

(1) メディア破壊

　メディアを廃棄する際には，データ復旧技術によってデータを読み取られ
ることができないように処理する必要がある．故障したハードディスクドラ
イブや故障したソリッドステートドライブ（SSD），書き換え不能な光ディ
スク（CD-R，DVD-R，BD-R など）などは，データを上書きすることがで
きないため，物理的にメディアを破壊する必要がある．ハードディスクドラ
イブの磁気を強力な磁場で破壊する方法や，光ディスクの記録層やレーベル
を切削して破壊する方法などがある．

(2) エイジング

　エイジングは，本稼働に入る前に，部品同士を馴染ませたり，初期故障を
発生させてしまったりするために実施する慣らし運転のことである．通常の
家庭用の機器は出荷前に十分なエイジングを実施されることはないため，購
入後に初期故障が発生することがある．利用者は購入後しばらくの間は，初
期故障の発生を想定しておく必要がある．

第5章　学校生活と情報倫理

鈴 木 佳 子

5.1　学校運営における情報倫理

5.1.1　教育機関における情報管理

　教育機関には個人に関わる多くの情報が存在する．教育機関に勤務する者は，その立場や本人の意思にかかわらず，大量の多種多様な個人情報に接することになる．その情報の中にはセンシティブな個人情報も含まれ，状況に応じて，たとえ専門職ではないとしても，教育機関に勤務する者の倫理と責任において，プライバシーを守る必要がある．

　一方，情報の中には通告・通報が必要なものもある．また，情報によっては，情報を共有して連携することが適切なものや，積極的に啓発・教育が必要な情報もある．この節では，情報の内容の違いによる適切な対応について整理する．

5.1.2　通告・通報が必要な場合

（1）児童虐待

　近年，児童虐待は大きな社会問題となっている．児童虐待を受けたと思われる児童を発見した者は，速やかに通告をしなければならないと，児童虐待防止法に定められている．児童虐待とは，児童（満18歳に満たない者）に対して，保護者（親権を行う者，その他，児童を現に監護する者）が，その

監護する児童に行う行為である．身体的虐待，性的虐待，ネグレクト，心理的虐待の種類がある．全国児童相談所共通ダイヤル（189，イチハヤク）で，最寄りの児童相談所につながる．学校は，市区町村に通報すると決められている自治体もある．

　児童虐待を発見した者の通告は義務であるが，義務ではないが発生予防も心掛けたい．経済的困窮，地域からの孤立，保護者の疾病，各種依存などの嗜癖，予期しない妊娠などが，虐待につながるリスクとして指摘されている．ハイリスクケースを早期に発見し，適切な支援につなげることが，虐待発生予防につながる．

(2) 障害者虐待

　障害者虐待防止法には，障害者虐待に気づいた者の通報義務が定められている．身体的虐待，性的虐待，心理的虐待，経済的虐待，放置の種類がある．この法律には，虐待を行った養育者への支援という視点が設定されており，教育機関のスタッフには，障害のある子どもを育てる親に対する理解が必要である．

(3) 高齢者虐待

　高齢者虐待防止法では，高齢者虐待に気づいた者は，市町村への通報義務があると定められている．一般市民には通報の努力義務があり，緊急の場合には通報義務が課せられる．医療・福祉関係者には，緊急時でなくても通報義務が課せられており，守秘義務の適用も除外されている．身体的虐待，性的虐待，心理的虐待，経済的虐待，介護・世話の放棄・放任の種類がある．この法律は，虐待を行った家族等に対する支援も目的としている．

(4) DV

　配偶者からの暴力の防止及び被害者の保護に関する法律（DV防止法）では，配偶者からの暴力を受けている被害者を発見した者には，警察か配偶者暴力相談支援センターに通報する努力をするよう規定されている．身体的暴力，性的暴力，精神的暴力，経済的暴力，社会的隔離の種類がある．児童がDVを目撃することは，児童の心理的虐待に当たるため，児童の家庭の状況

に注意を払う必要がある.

5.1.3　共有・発信が必要な場合

(1)　適切・迅速な対応が必要な情報

　児童・生徒が集団で長時間，生活を共にする教育現場において，感染症の流行を予防することは重要である. 学校保健法施行規則には，学校において予防すべき感染症（学校感染症）の種類と出席停止期間の基準等が定められている. 校長は児童・生徒が学校感染症にかかっている，かかっている疑いがある，かかるおそれのある場合，規定に基づき出席停止にすることができる. また，学校の設置者は，学校感染症の予防上必要があるときは，規定に基づき学校の全部または一部を，臨時休業（学校閉鎖・学級閉鎖）にすることができる.

　また，事件や災害時のケアに関しては，的確に状況を把握し，心のケアのトリアージや，災害時の心の変化についての情報発信等，適切・迅速な対応が求められる. 急性期の統合失調症，自殺の危険がある鬱，命の危険がる摂食障害，違法薬物を含む違法行為等に関しても，必要に応じて保護者や関係機関等への連絡が必要となる.

(2)　啓発・教育が必要な情報

　青少年の性感染症，HIV，人工妊娠中絶の問題には，看過できない現状がある. このような問題を抱えたときには，相談や援助が求めにくい傾向がある一方で，場合によっては命にかかわる問題でもある. 青少年に対して，性感染症を含む性に関する正しい知識や，予防方法の情報を伝えると同時に，人が生きる上での性の意味を考えさせることも大切である. 性に関する適切な教育は，LGBT 等のセクシャル・マイノリティに対する偏見への対処となる. 違法薬物，悪質商法，ネット依存を含む各種依存に関しても，啓発・教育が同様に期待される.

(3)　連携が必要な情報

　特別な配慮が必要な児童・生徒に関して，関係する教職員はもちろん，同

級生，保護者，関係機関とも情報を共有して，連携することが必要な場合がある．食物アレルギーがある場合の給食等の食事への配慮，パニックやてんかんがある場合の発作への対処方法の周知などである．

　性別違和に関しては，制服，トイレ，着替え，健康診断，宿泊時の部屋割りや入浴等への配慮の他，「～くん」の呼び名を「～さん」に統一するなどの配慮が検討される必要がある．特に発達障害がある場合には，知覚過敏なのか，注意やこだわりの問題なのか等，個々の発達障害の特徴に応じて，個別な配慮が必要となる．連携に際しては，誰にどの情報を伝えるかに関して，本人・家族の意向を確認しながら慎重な対応が求められる．

5.1.4　情報管理に配慮が必要な場合

（1）障害や疾病

　色覚障害の生徒のために，学内掲示や教材で生徒が識別しやすい色を使用することや，血友病を理解したうえで，血友病の生徒の出血に対して注意を払うこと等，特別な配慮が必要な障害や疾病がある．しかしながら，遺伝が関係する障害や疾病の場合，生徒本人の疾病等の情報は，本人のみならず兄弟や両親といった家族にとってもセンシティブな情報である．状況によっては，将来の就職や結婚にも影響する可能性があることを考慮する必要がある．HIV陽性者に関しては，進歩する正しい医学知識を得たうえで，HIVに対する根強い偏見や最新情報の不足に配慮した対応が求められる．

（2）家庭環境等

　青少年にとって，本人を取り巻く環境が，本人に与える影響は大きい．経済的に厳しい家庭環境にある生徒に対して配慮することや，保護者の宗教によって，特別な対応（食べ物や輸血など）が必要になることもある．本人（または家族）の犯罪にかかわる情報は，再犯への防止には周囲のサポート等，具体的な対策が必要となることを考慮すると，関係者内での情報共有が有効な側面もあるが，周囲の偏見，就職や結婚等，本人の人生に影響が生じる可能性があることにも，慎重な配慮が求められる．

5.2　学校生活における情報倫理—学生相談の視点から

5.2.1　学生相談とは

　学生相談室は，何か心の問題を持った人＝特別な人が利用する所というイメージをもたれることがある．たしかに身体面やメンタル面の問題をかかえる学生が充実した学生生活を送るためのサポートをすることも，学生相談の重要な機能である．しかし災害や凶悪な事件に遭遇した人々のPTSD[*1]のような特別な状況ではなく普通に暮らしている人々であっても，何かの事情で強めのストレスを受けることにより容易に心のバランスを失うことを考えれば，心の問題をもつことは決して特別なことではない．

　また学生時代のある時期に立ち止まり，自分という存在を見つめ直し，自分らしい生き方を見つけるお手伝いをすることも，学生相談の大切な役割である．特にモラトリアム[*2]の学生時代は，親の価値観・人生観に強く影響を受けながら子供として育ってきた今までの人生から，一人の自律した成人として自分の人生を選び直す作業に最適の時期である．

　自分の人生というドラマの主演・監督に名実ともになるこの作業は，どこかワインの熟成のプロセスに似ている．ぶどうの木に育まれて成長したぶどうが木から離れ，いったん樽に守られた安全な空間の中で時間をかけた変化のプロセスによって，もとのぶどうの面影は残しながらも，ぶどうとはまったく違う味わいのワインになる．ワインの出来栄えは樽の良し悪しにも影響されるという．樽自身が外の空気を呼吸しながら，しっかりとした樽の枠組で外界を遮断したうえで，それぞれの樽の材質の個性をブレンドしながらワインに伝えていく，この流れの中で樽の質が問われる．

　世間の雑音を一時的にシャットアウトし，青年が安心して自分の無意識も含めた自分自身と向き合うことができる場所と時間を保障することが，青年の変化に立ち会う者（学生相談担当者）の責任であり，それはぶどうがワインに変化する際の樽の役割と重なる．樽の枠組が悪く中身のワインが漏れる

ようなことがあれば，美味しいワインになる前に中身がなくなってしまう．同じように来談した学生のプライバシーを守らなければ，良い結果は期待できない．

　この節では学生相談で守るべきプライバシーとは何かを具体的に見ていきながら，学生相談担当者の守秘義務とその限界について述べ，学生相談の視点からの情報倫理を取り上げる．

5.2.2　プライバシーとは

　学生相談を利用しようとした時，「自分のことを理解してもらえるだろうか」「秘密が漏れるのでは・・・」「変な人と思われないか」などと不安に思う学生は多い．学生相談の作業は，本来なら自分の内に隠して秘密にしておきたい内容を勇気をもって一度自分の外に出して，第三者である学生相談担当者とともに問題を整理し解決の糸口を探りだすための共同作業である．やっとの思いで話した内容が，どこかに漏らされるのではないかと心配になるのももっともである．したがって学生相談が学生の信頼を得るためには，プライバシーがキーワードとなる．

　そもそもプライバシーという権利・「プライバシー権」（right of privacy）は，1980年にアメリカの法律雑誌の論文において提唱された．「ひとりにしておいてもらう権利」（right to be let alone）という概念が用いられ，これがプライバシー権の定義として広く使われるようになった．

　しかし現代のようにコンピュータによって大量の情報を蓄積し処理することが可能な時代になると，この状況での新しいプライバシーの定義が必要となった．そして登場したのが「自己情報コントロール権」である．この新しい「自己情報コントロール権」としてのプライバシー権は，

　　「『単に他人が自己についての情報をもたないという状態』をいうのではなく，『他人が自己についてのどの情報をもちどの情報をもちえないかをコントロールすることができる』権利として，現在のデータ・バンク社会におけるプライバシーの権利の保障を主眼においた権利概念であ

　る.」

（新保史生，2000）

　学生相談においても「自己情報コントロール権」としてのプライバシー権
の保障が重要な課題である．この課題達成は，来談者自らがこの権利を当然
のこととして自覚し必要なら要求し，かつ学生相談担当者が来談者のこの権
利を強い意志と努力と力量によって守ろうとして初めて現実のものとなる．

5.2.3　相談担当者の使命

　内容にもよるが秘密を保持するには，かなりのエネルギーがいる．また内
側に納めておくということは，自他の境界がはっきりしていなくてはできな
いことである．このように考えると秘密をもつということには，人の成長と
いう側面があることがわかる．面接の初めから個人にとって重大な秘密を話
す学生には，十分な注意が必要である．相談担当者が自分は信頼されたと思
い込むのは危険である．むしろその学生が自分の秘密を保てないほど危機状
態にあるか，または自他の境界が弱いのかもしれないという視点が考慮され
るべきである．

　来談者の秘密を聞き出すことが相談担当者の技術と考えるのは間違いであ
る．秘密の開示がいつも来談者の救いになるとは限らない．本人の意に反し
た心的外傷の開示は，新たな心的外傷になりかねない．相談担当者の使命は，
来談者に利益をもたらし，害をなさないことである．そして利益と害では，
害をなさないことが優先される．つまり利益をもたらさず役に立たないとし
ても最低限，害を与えないことが最優先される．しかしこのことが実際には
大変難しい．例えば本人の意向で語られた秘密が，相談担当者と共有される
ことで本人の救いにつながったとしても，秘密を開示する痛みがまったく伴
わないとはいいきれないからである．ここで重要になるのが来談者と相談担
当者の合意のプロセスと相談担当者の力量である．

　　「もしクライエントの利益になることをし，害になることをしないと
　いうことが，誰にでもできる簡単なことであるなら，専門家は存在しな

いであろう．そうでないからこそ，専門家が求められるのである．（中略）しかし専門家の能力は，超能力ではなく，専門家は万能ではない．反対に，専門家の能力には本質的に限界があり，専門家には，自分の能力の限界についての自覚が求められる．つまり自分には何ができて，何ができないかを心得ていなければならない．その自覚自体が専門家の能力に含まれるのである．」

（村本詔司，1998）

「来談者に利益をもたらし害を与えない」という相談担当者の使命を全うするためには，上記の「自分の能力の限界についての自覚」が実践上とても重要となる．その自覚があってこそ初めて専門家と言える．

つまり来談者が自分の秘密をここで開示しても，相談担当者は必ず自分のプライバシーを守ってくれるという来談者の信頼に担当者が応えるためには，担当者に課された来談者のプライバシーを守る義務（守秘義務）を十分に認識し，担当者自身がどこまでこの義務を遂行する能力があるかを自覚したうえで，来談者の話を聴く必要がある．担当者が来談者のプライバシーを守りきれず，来談者の信頼を裏切ることは，来談者に大きな痛手を負わすことになるということを肝に銘じるべきである．

5.2.4　相談担当者の専門性

私達が医者や弁護士を個人的に知らなくても，ある程度信用できるのは，専門家として認められていることで，一定以上の水準が期待できるからである．一定以上の水準とは，問題解決に必要な最低限の知識と技術，そして害を与えないという最低限の倫理以上の水準ということである．この専門家（プロフェッショナル）とはどういう人であろうか．この点について村本詔司（1998）は次のような見解を述べている．「誰にでもできることをしているだけではプロとはいえない．しかし，誰にもできないことをするだけなら，それはプロを通り越して『神業』となろう．本来は誰にでもできるはずだが，ただ高度で長期にわたる努力を通じて一定レベルに到達し，それを維持して

いる場合にこそプロといえるのではなかろうか.」「プロフェッションの根本的要素とは,一方は高度な知識と努力であり,他方は高い倫理性である.」「倫理こそ,専門職としての資格の中核である.」以上のように専門職における倫理の重要性を強調している.

　学生が安心して学生相談を利用できるためには,大学が学生に対して,学生相談担当者の質を保障する必要が生じる.「質」を換言すれば「一定以上の倫理性」となる.なぜなら臨床家の倫理規定には,当然その職に当たるにふさわしい知識や技術の研鑽と,技能水準の維持が含まれるからである.現在実際の学生相談は,教員・職員・医師・看護師など様々な職種によって担当されている.ここではカウンセラーとして臨床心理士[*3]の資格を有する者が学生相談に当たる際の情報倫理の問題を扱う.臨床心理士でない学生相談担当者も,相談業務に従事する際には,臨床心理士が遵守する義務を負うところの倫理綱領と同等の倫理的責任があると判断される.相談担当者の専門性は,その倫理性によって裏打ちされていると言ってよい.

5.2.5　インフォームド・コンセント

　インフォームド・コンセント（informed consent）は,従来のパターナリズム（paternalism）[*4]の患者―医者関係に対して,患者の自律性を重視し,患者と医者が対等なパートナーシップのもとで治療が進められる立場の中から生まれた概念である.パターナリズムの患者―医者関係では,患者の理解や同意よりも,患者によかれと医者が判断した治療がなされる.一方,患者の自律性を重視した患者―医者関係では,治療に際して「情報を与えたうえでの同意」が求められる.このインフォームド・コンセントの概念の背景には「人は他人からの支配的束縛なしに自由に選択し,行動すべきである」という自律性尊重の原則があり,「自律的人間は,外的束縛にしばられずに自分のことを自分で管理できる」という人間観が核心となる考え方である（Faden.R,Beauc-hamp.T,1994）.

　インフォームド・コンセントの概念を,構成要素をもとに説明すると以下

のとおりである.

 (a) 開　示：難しい専門用語でなく，分かり易い言葉で十分情報が与え
     られ,

 (b) 理　解：本人が上記の説明を理解し,

 (c) 自発性：強制されるのではなく，自らの意志で,

 (d) 能　力：本人に同意する能力があり,

 (e) 同　意：そして本人が同意する.

もともとは人体実験に関するヘルシンキ宣言[*5]に源を発するインフォー
ムド・コンセントは，医学に限らず広く臨床の世界に取り入れられている.
アメリカ心理学会の倫理綱領（アメリカ心理学会，2000）にも，この概念
がセラピーやリサーチに関して取り入れられ，具体的で詳細な指示が述べら
れている．アメリカ心理学会は1938年に倫理委員会を設置し，1947年に
この委員会が，アメリカ心理学会は倫理綱領をもつべきであると勧告した.
その後全会員へ倫理的ジレンマや問題の列挙を求め，それに対する返答をも
とに最初の倫理綱領が決定され，1953年に発表されたという歴史を金沢吉
展（1995）が取り上げている．アメリカにおいてインフォームド・コンセ
ントの概念が臨床に携わる者のコンセンサスを得て倫理綱領として文章化さ
れるまでには，関係者の多くの時間とエネルギーを要し一朝一夕にできあ
がったものではないことがわかる.

このアメリカ心理学会において「サイコロジストのライセンス・資格とい
う法的な規制と，倫理綱領という内的な規制」で先に作られたのは倫理であ
り，「法律はその後に作られた」（金沢吉展，1995）ということである．そ
して，これは「倫理的に不明確で議論の余地の大いにあるところには，法は
あえて介入しようとはしない」したがって「専門家集団はまず自分たちで自
己の行動規範を確立すべく努力しなければならないのである」（町野朔，
1995）という法律家の指摘と一致し，大変興味深い流れである.

5.2.6　日本の心理臨床家の倫理

　インフォームド・コンセントの概念に関連してアメリカにおける臨床家の倫理について簡単に触れたが，日本の心理臨床家の倫理の現状はどうであろうか．1994年の学生相談学会第12回大会において「学生相談における倫理と専門性」と題したシンポジウムが企画された．ここで金沢吉展（1995）は，倫理は「個人対集団，静的な倫理対プロセスとしての倫理，この4つの側面が考えられる」と述べた．そして，日本学生相談学会会員を対象とした学生相談における倫理についてのアンケート結果をもとに，「『どちらとも言えない』が非常に多いことと，ユニバーサルな行動や判断が少ないこと」をあげ，「集団の倫理が日本ではまだ確立されておらず，すべて個人の倫理にゆだねられているのが現状」ではないかと指摘している．さらに，「現状の個人の倫理のみの状態から，集団の倫理へと発展させていく必要がある」と今後の日本の学生相談の課題をあげている．また日本での倫理とアメリカでの倫理とを異なるものとする考え方に対しては，「倫理と慣習を混同しているのではないか」と異議を唱えた．「倫理とは，現状の追認や，何が倫理的かに関するアンケート調査の結果得られるコンセンサスではない」や「倫理は，私達が目指す普遍的な価値であり，私たち専門家が目指すものである」という意見を取り上げ，「倫理的な行動をできるようにするのが専門家の訓練である」と締めくくっている．

　この時に発表されたアンケートによれば，インフォームド・コンセントに関して「アメリカのカウンセラーの間では，クライアントからインフォームド・コンセントを得るべきであるという点について，共通の認識があると言える」一方，日本では「インフォームド・コンセントが理解されておらず，実際にも行われていないことを示唆している」という結果だった（金沢，沢崎，松橋，山賀，1996）．

　歴史的には1988年に日本心理臨床学会倫理委員会が，将来の倫理綱領作りの基礎資料を得る目的で調査を実施した．（田中富士夫，1988）．そして日本臨床心理士資格認定協会が「倫理綱領」を発表したのは1990年である（日

本臨床心理士資格認定協会，2001）．また，日本心理臨床学会は1995年に
も倫理問題に関する基礎調査を行っている（日本心理臨床学会倫理委員会，
1999）．つまり日本において心理臨床の分野で倫理問題が注目されるように
なってきたのは1980年代からで，その後，学会でのワークショップやシン
ポジウムのテーマとして度々倫理が取り上げられるようになった．倫理が注
目される背景には，心理臨床に従事する者の数が増えると同時に，倫理的問
題が起きる数も増えているという歓迎されない側面があるものの，社会の信
頼に応えていくためには専門家集団としての責任を果たす必要がある．

　臨床心理士の仕事は来談者のプライバシーに関することであり，来談者の
人権にかかわる仕事である．にもかかわらず，その実践の基準となる倫理に
統一性がなければ，安心して相談できない．専門家集団としての社会への責
任は，増加する臨床心理士一人一人を臨床心理士としての倫理基準を満たす
行動がとれるように訓練し，維持し，そしてそれが実現できているかを常に
見守るしっかりとしたチェックシステムを確立することである．

5.2.7　学生相談の実践

　この項では学生相談の視点からの情報倫理の問題として，学生相談で守る
べきプライバシーを具体的に見ていくことにする．その際，学生相談を臨床
心理士が担当することを想定し，一般的に使用されているカウンセラーとい
う言葉を使う．以下においては「Aさん」という架空の学生を中心に，カウ
ンセラーがどのように対応していくかということを連続的に事例1から5
までの中で紹介し，一人の学生の相談における多面的側面に触れる．

(1) 来談者のテーマにそったカウンセラーの対応

【事例1】

　　　ある日の夕方，学生相談室に憔悴しきった様子のAさんが来室した．消え入るよ
　　うな声で「あのー」と言った後は話が続かず，うなだれているAさんの姿を見て，
　　カウンセラーはAさんを面接室に入室させ話を聴くことにした．涙とともにやっと
　　の思いで話したAさんの話の内容は，学業に対して自信がなくなり，無気力で，大
　　学を退学しようと思っているとのことだった．

　ここでカウンセラーはAさんの「相談したい」という表明を確認せずに，Aさんを面接室へ誘導している．Aさんの憔悴しきった様子から，Aさんに援助が必要と判断してのカウンセラーの行動である．相手の意向を確認せずに相手に良かれと思っての行動という意味でパターナリズムであり，ある意味でAさんの自律性を侵害している．しかし何が何でもパターナリズムが悪いのではなく，時に人は自律性が保ちにくく，他人の保護的な援助を必要とするほど弱る時がある．ここで大切なのはAさんは今，自律性を多少侵害しても援助が必要だという，カウンセラーのプロとしての判断であり専門性である．この判断はカウンセラーの個人の好みではなく，全員一致とまでは言わないが，他の多くのカウンセラーもこの状況ならそう判断しただろうという判断である．逆にもしも状況が違って，今Aさんが取り組んでいるテーマが自律性の獲得で，自分が欲しい物を誰かがくれるのをただ待つのではなく，自ら欲しいと言って手に入れることにチャレンジしている時なら，Aさんの抵抗を覚悟で，Aさんが言葉を続けるのをじっと待つか「何ですか？」「相談ですか？」とせめてAさんの意向の確認が必要となる．カウンセラーには来談者のかかえるテーマにそった対応が求められる．

(2) 来談者を中心にした面接の設定
【事例2】

　Aさんの話をさらに聴いていくと，このところずっと食欲はなく，眠りが浅く何度も夜中に目が覚めて睡眠がしっかり取れていない状況が続いており，特に朝が辛く午前中は体がだるくて動けないとのことだった．Aさんは医療機関を受診した方がよいとカウンセラーは判断した．「今のAさんの状況はエネルギーが落ち込んだ状態で，病院を受診した方がよいと思う．特に睡眠の問題は服薬によって楽になる可能性があるので医師によく相談してはどうか」とAさんに勧めるが，Aさんはかたくなに拒否する．病院に行きたくない理由を尋ねてみると，Aさんの表情がさらに暗くなったので，無理に答えなくてもよいことを伝える．今日の面接はこのくらいにして次回の予約を取り，Aさんの来室の意向を確認すると，Aさんははっきりとうなずく．カウンセラーはその様子を見ながらAさんはきっと次回の予約に来室するだろうと思う．今日の面接を終わるにあたってAさんに，退学の件を次回の面接まで保留にしておく提案をすると受け入れられ，面接を終了する．

　Aさんの話をうかがうにあたって，カウンセラーはAさんのうつ状態について質問している．これはカウンセラーがAさんのうつ状態を正しく把握し，その状態が医療機関への受診が必要かどうか，また自殺の可能性などの緊急対応が必要かどうかの判断をするためである．来談者に対して根堀り葉堀り，やみくもに質問することは避けるべきである．それは来談者にとって負担になるばかりでなく，プライバシーの侵害でもある．来談者が話したいと思っている内容以外をカウンセラーが質問する時には，何のためにその質問をするのかという自覚が求められる．

　ここでAさんのうつ状態は医療機関の受診をした方がよい状態とカウンセラーは判断した．そしてそのカウンセラーの判断とともにAさんに必要な情報を提供している．もしもここでAさんが受診を希望すれば，受診先の医療機関の情報や受信のしかたなどの説明を加えることになる．

　医療機関を受診した方がよいというカウンセラーの提案に対して，Aさんは理由を述べずに拒否した．Aさんの状態によっては，さらなる説得や，場合によっては保護者への連絡が必要になることもある．やむを得ずカウンセリングで重要な守秘義務を，あえてカウンセラーが破らなくてはならない状況（守秘義務の限界）については後に述べるが，ここではAさんの自律性を優先させている．来談者の中にはカウンセラーに相談を持ち掛ける以上，隠し事をせずにすべてを明らかにしないと自分の問題が解決しないと思っている場合があるので，本人が言いたくないことは言わなくも大丈夫なことを伝え，来談者自身の無理のないペースで自己開示ができるように配慮することも時に必要となる．Aさんに病院へ行きたくない理由をそれ以上尋ねなかったのは，初回面接でAさんが無理をして自分のことを話し過ぎないようにするためである．

　初回の面接時間は長くなることがあるかもしれないが，ある程度の時間で面接をまとめて区切る必要がある．集中して話を聴くカウンセラーとしても，そう長くは集中できないということもあるが，来談者も特に初回は，緊張や不安で自覚以上に疲れていることが多い．初回面接で相談が終了していない

場合には，次回の面接の予約を確認する責任がある．これは来談者の問題に
カウンセラーが一緒になって取り組むつもりであるというカウンセラーの意
思表示となる．

　初回面接を終わるにあたって，時間内に取り上げられなかった大切なテー
マがあれば，そのテーマが来談者にとって大切なテーマであることをカウン
セラーは理解していることと，将来必ずそのテーマを取り上げる約束をする．
ここでも A さんにとって大切な退学についての話し合いがもてなかった．
カウンセラーはこの点を次回予約日まで保留にする提案をしている．来談者
にとって重要なテーマを先延ばしにする時には，○月○日までというように
明確で，かつあまり期間があかない日付を設定することが望ましい．

(3) 他セクション・他機関との連携

【事例 3】

　　Aさんは予約日に来室した．食欲や睡眠や無気力な感じは前回とあまり変わって
　いない状況が報告された．その後「あのー」と言ったまま言葉が続かなかった．し
　ばらく沈黙が流れた．カウンセラーが待っていると「実は・・・」とAさんが語り
　始めた．話の内容は自分でも今の状態は病院へ行ったほうがよいと思うし，睡眠の
　問題だけでも楽になればどんなによいかと思う．しかし病院に行くとなると保険証
　を使うことになり，親に黙っての受診は難しい．それでなくても自分は親に負担を
　掛けているので，これ以上親に心配は掛けたくないとのことだった．親への負担と
　いうことについてカウンセラーが質問すると以下の答えが返ってきた．家の経済状
　況が厳しい中で，自分は大学に行かせてもらっている．にもかかわらず気力が出ず，
　勉強に集中できず，親に申し訳ない．こんな自分なら退学して働き，少しでも親の
　経済的援助をした方がよいと思う．カウンセラーがさらに「立ち入った話なので答
　えなくてもよいが」と前置きしたうえで家庭の経済状態を尋ねたところ，A さんは
　意を決したように次の話を続けた．実は父がアルコールの問題を抱えていて，ここ
　数年状況が悪く経済的な問題も出てきている．しかもこの数ヶ月は父が家で暴れる
　ことが度々あり，母と妹とともに身の安全のために家の外に逃げ出したりしている．
　このことは大学では誰にも話していないし，知られたくもない．カウンセラーが父
　のアルコールの問題に関して，家族が専門の相談窓口を持っているか確認すると，
　母が保健所によく相談しているとのことだった．情報として A さんに保健所以外の

アルコール関係の相談窓口を紹介し，家族のアルコール問題は本人にとってストレスが大きいことを認め，学生相談室に週 1 回の相談枠がある精神科医への相談を勧める．相談室での精神科医への相談であれば保険証は不要であるという説明に，Ａさんは安心した様子で精神科医の予約を入れることになった．さらに現在のようなうつ状態の時には，事を悪く考えやすい傾向があるので大切な決断はしない方がよく，退学に関しては引き続き保留にしておくことを勧める．さらに経済問題に関しては，大学の他のセクションである奨学金の相談窓口の利用について話しあった．

　Ａさんの自分の情報を開示したいペースにあわせて，カウンセラーは話を聴いている．そして専門家としてＡさんに必要と判断した情報（うつ状態の時の決断，アルコールに関する情報，奨学金の窓口など）を伝えている．ここで情報倫理上大切なことは，他のスタッフとの連携に際して，来談者の自己情報コントロール権としてのプライバシーを尊重すること（守秘義務）である．ここでＡさんが誰に何を伝えて欲しくて，何を伝えて欲しくないかをカウンセラーが確認することは重要である．

　学生相談室という密室の中だけの作業で，十分な結果が得られることももちろん多い．一方，相談室以外のセクションや他機関との連携が大きな意味をもつこともある．この場合カウンセラーが来談者のプライバシーを守らなくてはと，自分に課せられた守秘義務を強く意識することは倫理上正しい．しかしカウンセラーが守るべき秘密は，来談者が守りたいと思っている秘密であって，来談者が伝えてもよい，あるいはスタッフ間で共有してもよいと考えている情報は，むしろ来談者がスムーズにサービスを受けるために伝えてよいのである．

　ここで誰に何を伝えて何を伝えないかは来談者の判断であり，決してカウンセラーが独り善がりに，来談者によかれと判断するものではない．カウンセラーが来談者のために，来談者によかれと思ってしたことが，来談者にとっては傷つく体験になるかもしれない．Ａさんの場合，精神科医や奨学金の担当者へのつなぎ役としてのカウンセラーの役目は，Ａさんが確実かつスムーズにサービスを受けられるように，Ａさんの意向を確認しながら守るべきプライバシーと伝える情報を判断することである．

　大学という組織の中で働くカウンセラーとして資源をフルに活用して学生サービスに当たるためには，学生のプライバシーが関わらないところで，他セクションや他機関のスタッフとの交流を通して信頼関係を築いておくことが，より良い学生サービスにつながる．

(4) カウンセラーの独断的善意と守秘義務 (confidentiality)

【事例 4】
　　　学生達が試験の準備やレポートに追われ大忙しの試験シーズンのある日の昼休み，ぶらっと B 先生が学生相談室を訪れた．カウンセラーと B 先生は今までにも学生のことなどで協力して仕事をしてきた関係がある．今日の B 先生はなんとなくお茶を飲みに来室したのではない様子だった．お茶を飲みながらの B 先生の話では，B 先生のゼミの学生にとても真面目で優秀な学生がいるが，どうも最近元気がなく心配していたところ，なんと今回初めて期限までにレポートが提出されなかった．このレポートは試験に替わるもので成績に大きく影響する．今まで真面目に出席しており，成績も優秀な学生だけに気に掛かる．そしてこの学生というのが A さんであった．

　ここでカウンセラーは B 先生に A さんのことを話したいと思う．今までの付き合いで B 先生は十分に信頼できる先生であることがわかっている．B 先生が A さんの状況を理解すれば，きっと A さんにとって力強いサポートとなると思われた．カウンセラーにとって，話を持ち掛けられた B 先生に対して，A さんの相談を受けていることを黙っていることは，かなりエネルギーのいることである．しかしここで A さんのことを B 先生に話すことは，倫理上問題である．この場合 A さんとの面接の中でレポートが提出できなかったことが取り上げられ，A さんが B 先生に相談を持ち掛けてみようという流れなどが考えられる．しかし A さんとしては B 先生のことを信頼はしているが，プライベートなことは伝えたくないと思っているかもしれない．たとえ B 先生が信頼に値する先生であっても，自分のゼミの先生に何を伝え，何を知られたくないかは A さんが決めることである．カウンセラーの独断的な善意で，守秘義務を破ることは慎まなければならない．

　学生相談室で学生が自分のプライバシーにかかわる内容を安心してカウンセラーと取り組むために，カウンセラーは学生のプライバシーを本人の許可

なく漏らさないという信頼に応えることが，来談者とカウンセラーの関係の基礎であり必要条件である．

　守秘義務については，古くは「ヒポクラテスの誓い」*6 で述べられている概念である．現在の日本の「臨床心理士倫理綱領」にも，秘密保持に関する条文がある．カウンセラーは来談者の人権を尊重し，プライバシー権を認め，秘密保持を重要な義務とする専門家としての倫理を，カウンセラー自身が強い意志をもって遵守することによって，守秘義務は守られるのである．

(5) 保護者との関係で守られるべき来談者のプライバシー

【事例 5】

　　談話室*7 に集まった学生達と，これから迎える夏休みの，それぞれの予定や計画についての話が盛り上がっているところに電話のベルが鳴った．学生の母からの電話で，A さんの母であることがわかった．いろいろと家庭の事情もあり，思い悩んでいる様子の A さんを心配しての電話だった．母は A さんが相談室を利用していることを知らないようであった．

　大学による差があると思うが，学生相談室への保護者からの相談は結構多い．その際，学生自身のプライバシーをどこまで守り，どこを保護者と共有するかという問題が生じる．国連の「子どもの権利条約」において，子どものプライバシーの権利が認められている．この対象となっているのは 18 才未満の子どもである．プライバシー権は子どもにも認められている権利である．したがってたとえ親の経済的援助のもとで暮らしている大学生であっても，当然プライバシーの権利がある．しかし，経済的にも精神的にも親のサポートを受けながら生活している青年期の学生が多い現在の大学の現状では，学生が自分の問題を解決するプロセスで，親の理解や協力が必要不可欠な場合がある．その場合には親に，学生とカウンセラーという問題解決チームに加わってもらう努力を，学生のプライバシーを保ちつつ行う必要がある．

　A さんの母からの電話に対して十分相談にのり，その上で母が A さんのことを相談室に相談したことを，母から A さんに伝えてもらう．それでもA さんが自分が既に相談室を利用していることを母に話さないならば，それ

はAさんの意志として尊重されるべきである.

　ただし親が子どもである学生の状態を正しく把握することが学生にとって意味が大きい場合（例えばもっと病状が重い場合や，経済問題が関係して学生一人では対応しきれない場合など）には，カウンセラーとしてはあせらず，しかしあきらめずに，たとえ時間がかかっても，学生に対して現状を理解するように働きかけを続ける必要がある．時には学生に親を相談室に連れてきてもらい，同席での面接を行うこともある．現在の大学生の相談において，少なくとも親の存在を視野に入れておくことは必要である．そしてそれは学生本人の自律性を軽んじることではない．学生自身のプライバシーを守りながら，学生の親子関係も考慮しつつ，問題解決へと向かうプロセスが大切である．カウンセラーが親の代役を勤めることが目的となるならば，それは筋違いで，あくまで本来の親子関係の改善，修復が目的である.

　例えばAさんの場合も，親に対して信用しきれない思いが奥深くにあり，自分の辛さを親に理解してもらおうとしないために孤独感がつのり，うつ状態になっているかもしれない．この時カウンセラーは親の代役としてAさんと信頼関係を築き，Aさんの辛さを共有することを目指すが，それは目的ではなく，あくまでプロセスである．目的はAさんとカウンセラーの新しい関係を通しての，Aさんの本来の親子関係の変化である.

　学生と面接を継続していると，カウンセラー自身が学生の視点になり，親に対して不満をもち，「なんて親だ！」と親を批判したくなる時がある．この思いを学生と共有しながら，カウンセラーの仕事は，学生に理想の親像や大人像を提供することではなく，生の学生とカウンセラーの人間関係の体験から，学生自身がもっている親イメージや人間観・世界観を変える作業をサポートすることである.

　この作業に絶対欠かせない条件が，学生のプライバシーの保護であり，ワインが熟成する時の樽の役割である．ワインにたとえるなら，親の役割は樽を包み込む自然環境かもしれない．自然環境は良いにこしたことはない．しかしいくら自然環境に恵まれていても，ぶどうが樽に守られていなければ，

腐ってしまってワインにはなれない．またある程度の自然環境の悪さであれ
ば，樽に守られてぶどうはワインになれるのである．親の協力も大切な要素
だが，絶対的に必要なことは，プライバシーを守られた環境での学生自身の
成長である．

5.2.8　守秘義務の限界

(1) 守秘義務と警告義務 (duty to warn)

　カウンセラーにとって来談者のプライバシーを守ることがいかに大切であ
り，それは専門職としての倫理上の義務（守秘義務）であると述べてきた．
しかし正確に言い換えると，この守秘義務は限定つきの義務である．「臨床
心理士倫理綱領」（日本臨床心理士資格認定協会，2001）でも，秘密保持に
関して「専門家としての判断のもとに必要と認めた以外の内容を他に漏らし
てはならない」とあり，専門家としての判断のもとに必要と認めれば，秘密
保持しないということになる．

　守秘義務は厳格な義務である．その義務を破る時とは，いったいどのよう
な時であろうか．カウンセラーは来談者の秘密を守らねばならない（守秘義
務）．他方で，被害を受けるかもしれない第三者や本人の人権と生命を守る
義務もある（警告義務）．自殺しようとしている場合，本気で殺人を計画し
ている場合，子供を虐待していることが疑われる場合，本人に必要な重大な
治療を拒否する場合など，カウンセラーが一方の義務を優先すれば，他方の
義務が果たせなくなるという，義務間の葛藤に悩まされることになる．

(2) タラソフ原則

　守秘義務と警告義務の葛藤において，実際に起きた事件から「タラソフ原
則」と呼ばれる判断基準が生まれた．この事件は，カルフォルニア大学バー
クレー校でカウンセリングを受けていた青年が，別れたガールフレンド（名
前がタラソフ）を殺す意図があることを語った．青年の状態は危険であると
担当の心理臨床家は判断し，大学警察に連絡した．しかし青年は取り調べ後
に解放され，その後タラソフを殺害した．タラソフの両親は訴訟を起こし，

カリフォルニア州最高裁にて判決が下った．

> 「裁判所は心理療法士には第三者を害から守るために妥当な手段をとる積極的義務があり，（秘密を守る）保護特権は一般大衆に危険が生じるときは終了すると判断した．裁判所の意見では特定の人に暴力が加えられるという重大な危険は，治療の過程で得た秘密情報を守る義務に優先する．」（Jonsen.A,Siegler.M,Winslade.W,1997）

これが「タラソフ原則」である．

(3) 日本における倫理的要請

日本において「心理臨床学研究」特別号にて「倫理的要請について」と題して，「自殺など，緊急事態への対応」に関連した以下の点が取り上げられている（心理臨床学研究，Vol 9）．

① 　クライアントが死亡した場合
② 　クライアントが自殺企図を表明したりする場合
③ 　クライアントが特定個人を殺害しようという意図を持っていることが判明したりする場合
④ 　クライアントが違法な行為をしていることが判明した場合
⑤ 　危険な行為が予想される場合
⑥ 　緊急事態で，臨床心理士自身が，その処理についての判断がつきかねる場合

ここで強調されているのは，自傷他害の恐れのある時の対処として，徹底的に話し合う姿勢である．その上で必要と判断した場合には，精神科医，警察，同僚，上司などの専門家や関係機関への連絡を指示している．

(4)「死にたい」との訴えに対して

「こんなに生きているのが辛いなら，いっそのこと死んだ方がましだ」「自分は生きる価値がない」「なんだかモヤモヤしているうちに，手首を切っている」「自分が死ねば，親が後悔するだろう」などと，「死にたい」という訴えは多い．人にとって「死んでしまいたい」という思いは，それほど特別な思いではないように思う．人生の節目のような時期に，目の前の障害がとて

つもなく大きく，とても乗り切れないと感じた時，死んでしまった方が楽だと感じても不思議ではない．また青年期には，自分と他人の境界がはっきり定まらず，溜まったストレスのエネルギーが，外に向かえば暴力や時に殺人となり，内に向かえば自傷行為や自殺となる．

　来談者が「死にたい」と訴えるたびに，カウンセラーが緊急対応をしていたのでは，来談者は安心して自分の中の「死にたい気持ち」を打ち明けられなくなる．学生が「死にたい」と訴えてきた時のカウンセラーの対応は，もちろんケースバイケースではあるが，先ずは落ち着いて，学生の様子を観察しながら，本人の話を注意深く聴くことである．

　「死ぬ死ぬと言っている人は死なない」や「一度自殺に失敗した人は死なない」などと言われることがあるが，実際には自殺に公式はない．来談者の「死にたい」という訴えに対しては，常に真摯に対応すべきである．カウンセラーとしての重要な判断は，学生が死にたいくらいに辛い気持ちを訴えているのか，あるいは実際に自殺という行動を取ろうとしているのかである．難しい判断である．

　カウンセラーが学生の自律性を損なっても緊急対応が必要と判断した場合には，必要な行動を責任をもって実行することである．必要な行動とは状況に応じて，保護者への連絡，医療機関との連携，同僚への協力の要請や組織上必要な上司への連絡などである．学生が不安定で落ち着かない様子であれば，学生を一人にしないようにカウンセラーや他のスタッフが協力して学生に付き添い，保護者の到着を待つことも時に必要であろう．命を守ることが，学生の自律性やプライバシーに優先する．しかし本人自身もどこまで本気で死のうとしているのかはっきりしない状況で，カウンセラーが緊急対応の判断をするのは実に難しい．

(5) 「殺してやる」の訴えに対して

　「死にたい」に比べて「〜を殺してやる」や「〜に対して自分でも何をするかわからない」「〜は生きているべきではない」といった訴えは，数としてはぐっと少ない．しかし心身のバランスが悪い発達中の青年期の学生に

とって，小さな刺激やちょっとしたストレスが他害行為に結び付く可能性があるので，慎重な面接が求められる．特にストーカーについては，一般的な想像を超える行動を取ることがあるので，十分な注意が必要である．具体的には「こんなことくらいで人は殺さないだろう」という安易な判断は禁物である．

緊急対応の判断は，自殺の場合と基本的姿勢は同じで，先ずは落ち着いて話を聴き，学生が殺してやりたいほどの憎しみを訴えているのか，それとも実際に行動を取ろうとしているのかの判断が重要となる．学生の内にある抱え切れない憎しみなどのマイナスのエネルギーを，表現する場として相談室の役割は大きい．安心して学生が自分のマイナスの感情を出せる信頼関係を，緊急事態以前に築いておくことが，最悪の事態から学生を守る手段となる．そして状況によっては警察への連絡や，被害者が特定できる時には，被害者に危険をしらせ保護する責任も生じる．

(6) 虐待の疑いがある場合

大学在学中に生まれた子供を連れて来室した学生から，夫婦仲良く，母子ともに元気という報告を受ける時など，カウンセラーにも幸せを分けて頂いた気分になる．しかし女子学生の場合，在学中の出産は，出産そのもののストレスに加え，妊娠中の体型の変化に対する周りの目や，妊娠・出産・育児を通しての学業の遅れや，時には夫や家族との関係が悪い場合など不安定な要素が多い．また，男子学生の場合には，経済的に自立していないことが多く，家族との調整が難しいことがある．こういったストレスの高い状況で育児をしている場合，カウンセラーとしては虐待を考慮する必要がある．それはもし親である学生が虐待をしているならば，学生にとってその行為を止めるためのサポートが必要だからである．もちろん子供の身の安全を守る責任もあるが，虐待を止めるためには強力な援助が不可欠である．

法的には「児童虐待防止等に関する法律」第6条に，児童虐待の発見者は速やかに通告することとした通告義務があり，この場合の通告は守秘義務によって妨げられないとなっている．通告先は福祉事務所もしくは児童相談

所である．カウンセラーとしては，虐待に関して少しでも心配があれば見過ごさずに，学生本人とよく話し合い，必要なら家族を含めた面接の設定も検討するとよい．

(7) 摂食障害の場合など

「家族に隠れて夜メチャ食いをして，トイレでこっそり吐いている．自分でもおかしいと思うが止められず苦しい」「ダイエットに成功したと思ったのもつかの間，リバウンドで太ってしまい，醜い自分が許せない」「友人が食事をほとんど取らずガリガリに痩せているのに，自分は太っていると言ってきかない．拒食症だと思うが，どうしたらよいか」などといった摂食障害に関する相談を受ける．摂食障害で気を付けなければならないことは，命にかかわる場合があるということである．

過食嘔吐を繰り返し身体のバランスを壊し，過食が止められずにうつ状態が悪化している時などは，自殺を十分注意する必要がある．また拒食の状態によっては，本人の意に反しても入院をせざるを得ない場合がある．緊急事態で医療機関との連携が必要な場合は，とりわけ家族の理解とサポートが必要である．そのためにカウンセラーは，家族にこの障害についての説明をして家族の理解を促し，本人が家族のサポートを得やすいようにする動きも必要となる．こういった動きは極力本人の同意のもとで行いたい．そのためには学生に現在の本人の状態を説明し，家族のサポートが必要であることを理解してもらったうえで，同意を求める作業となるが，カウンセラーと家族が接触することを極端に嫌う場合も多く，一筋縄では行かない．本人の緊急性を判断しながら，根気よく話し合う姿勢が大切である．

守秘義務の限界として，命にかかわる自傷他害の場合を取り上げできたが，他にも薬物，HIV，犯罪など様々な場面が考えられる．学生にとって重要な治療（例えば糖尿病や精神病）を拒否したり，度々交通事故を起こしている場合など，自殺の時と同様の注意が求められ，緊急対応が必要な時もある．緊急対応は，守秘義務とその限界（警告義務・保護義務）の葛藤の中での苦渋の選択で，学生とカウンセラーの両者にとって痛みを伴うものである．

5.2.9 おわりに

学生相談担当者として重要な倫理問題は，ここで取り上げた以外にもたくさんあるが，情報倫理に関連した「自己情報コントロール権」としてのプライバシーをいかに守るべきかと，その限界について述べた.

このテーマはちょうど，相談そのものの自律性とパターナリズムの問題と重なり，明確なコンセンサスが得られにくい. しかし基本は来談者と相談担当者のパートナーシップの中で,何を求めて何をしていくのかという契約を,確認していくプロセスを大事にしていくことである.その背景にある信念は,人の存在に対する肯定観であると言える. この肯定観を欠いた相談は空虚である. 学生相談は，よろず相談的側面に，心理的な専門相談を加え，さらに問題を抱える学生のみを対象にするのではなく，入学から卒業までの学生生活全体を，学生個人の人生の一部として位置付けていくサービスの時代になってきている.

何かの問題を解決するためでも，より気に入った自分の人生を方向づけるためでも，学生個人個人の目的を達成するために，より多くの学生達に学生相談を活用してもらいたい. そして充実した学生生活を，自分の人生の大切な一部として位置付けてもらえればと願っている.

（注）
*1　PTSD とは，心的外傷後ストレス障害（Post-traumatic Stress Disorder）のこと. 通常の人が体験する範囲を超えた苦痛な出来事を体験したことで，睡眠障害や集中困難などの症状がでる.
*2　モラトリアムとは経済用語から転じて，社会的責任の猶予という意味で，青年期の人々に対する説明概念である.
*3　医者やソーシャルワーカーなど臨床に携わる者を臨床家と呼ぶが，特に心理を専門とする者が心理臨床家である. 臨床心理士とは，財団法人「日本臨床心理士資格認定協会」が認定した資格を有する心理臨床家である. 定められた倫理規定を守りながら，心理学的知識と技能を用いて，臨床心理査定，臨床心理面接，臨床心理的地域援助およびそれらの研究調査等の業務を行う. 5 年ごとの資格更新制度がある.
*4　パターナリズム（Paternalism）は，父親的温情主義のこと. 恩恵が自律に優先するという判断. 本人の意向よりも，個人の利益や幸福の実現が優先される.
*5　ヘルシンキ宣言は，第二次世界大戦中にドイツが敵の捕虜に対して行った生体実験など

の残虐行為についての軍事裁判の結果を受けて，1964 年の世界医師会総会にて採択された．人体実験は医学の進歩のために必要なものであるとした上で，被検者の人権を極力守らねばならない．被験者に十分な説明をして，被験者の自由な意志に基づく同意を得ることが必要であるとしている．

*6　「ヒポクラテスの誓い」も含めて，各援助専門職団体の倫理綱領が，引用文献の『心理臨床と倫理』の付録 1 の倫理綱領集に掲載されている．

*7　大学によっては学生相談室の中にフリースペースを設け，学生達が自由に出入りできる場所を提供している．

参 考 文 献

(1) Corey.G, Corey.M, Callanan.P：Issues and Ethics In the Helping Profession 5th Edition Brooks/Cole, Publishing company（1998）

(2) Bloch.S, Chodoff.P, Green.S：Psychiatric Ethics Third Edition, Oxford University Press（2000）

(3) 森岡恭彦，大井 玄，金川琢雄，塚本泰司，南部陽太郎，草刈淳子，松田一郎，熊倉伸宏：特集「インフォームド・コンセント」の現状，保険の科学，Vol.40 No.2（1998）

(4) 堀部政男：『プライバシーと高度情報化社会』，岩波書店（1988）

(5) 金沢吉展：『医療心理学入門』，誠信書房（1995）

(6) 西園昌久，高橋哲郎，小此木啓吾，前田重治，田中富士夫：特集「精神療法における倫理」，季刊精神療法，Vol.17 No.1（1991）

(7) 喜多明人，立正大学喜多ゼミナール共編著：『ぼくらの権利条約』，エイデル研究所（1994）

(8) 日本発達心理学会監修，古澤，斉藤，都築編著：『心理学・倫理ガイドブック』，有斐閣（2000）

(9) 情報教育事典編集委員会編：『情報教育事典』，丸善（2008）

引 用 文 献

[1] アメリカ心理学会；富田正利，深澤道子訳：『サイコロジストのための倫理綱領』，日本心理学会（2000），pp.28-29，pp.40-42

[2] Faden.R, Beauchamp.T；酒井忠昭，秦洋一訳：『インフォームド・コンセント』，みすず書房（1994），p.8

[3] Jonsen.A, Siegler.M, Winslade.W；赤林朗，大井玄監訳，大井幸子他訳：『臨床倫理学』，新興医学出版社（1997），pp.136-137

[4] 金沢吉展：「アメリカでの法と倫理の観点から」，学生相談研究，Vol.16, No.2（1995），pp.121-133

［5］金沢，沢崎，松橋，山賀：「学生相談における職業倫理」，学生相談研究，Vol.17，No.1（1996），pp.61-73

［6］町野　朔：「守秘義務と説明義務」，学生相談研究，Vol.16，No.2（1995），pp.117-120

［7］村本詔司：『心理臨床と倫理』，朱鷺書房（1998）p.6，p.56，p.61，pp.172-173

［8］日本臨床心理士資格認定協会：『臨床心理士関係例規集』，日本臨床心理士資格認定協会（2001），pp.24-25

［9］日本心理臨床学会　教育・研修委員会：「倫理的要請について」，心理臨床学研究，Vol.9 特別号（1991），pp.50-51

［10］日本心理臨床学会　倫理委員会：「倫理問題に関する基礎調査（1995 年）の結果報告」，心理臨床学研究，Vol.17，No.1（1999），pp.97-100

［11］新保史生：『プライバシーの権利の生成と展開』，成文堂（2000），p.127

［12］田中富士夫：「心理臨床における倫理問題」，心理臨床学研究，Vol.5，No.2（1998），pp.76-85

第6章　情報倫理教育のあり方

梅本吉彦

6.1　情報倫理教育の意義（その1）

　社会生活における情報の重要性が高まるにつれ，情報にまつわる事件や事故が発生すると，その情報の主体である当事者はもとより関係者にとっては，回復し難い被害や損害を被ることになる．とりわけいったん虚偽の情報が発信されると，今日ではSNSをはじめ種々の情報伝達手段により際限なく流布されてしまう．かりにその後になって虚偽の情報であることが判明したとしても，もはやそれを回収することは不可能であるし，対処することができない事態に至ってしまう．この場合に，虚偽の情報によって一方的に被害を受けた第三者につき，それらの被害や損害をすべて補うことはできないまでも，可能な限り法的救済を求めようとしても，まず情報の発信者を把握しなければならない．そこで，被害者はプロバイダーに対し，発信者情報の開示請求をすることができる（プロバイダー責任法4条）．ところが，その回答を得るまでには時間を要し，その間に情報は際限なく，拡散してしまう．その結果として，虚偽の情報を発信されたことにより生じた損害が莫大になり，損害額を証明することが著しく困難になる．また，事件や事故の加害者に刑事罰を課そうとしても他の犯罪との均衡を図る必要があるので，被害者が満足するには遠く及ばないし，それによって被害を被った者の損害が償われるわけでもない．最近の事件でいえば，高速道路上におけるあおり運転を行っ

た加害自動車に同乗していたと誤認され，まったく無関係の第三者が一方的
に誹謗中傷されたのがその例である．

　情報による損害の発生につき，民事法的制裁はもとより，刑事法的制裁も，
決して万能ではないということである．そうすると，これらの法的制裁によ
る救済の途があるからといって，情報にまつわる事件や事故に対する抑止的
効用があるとはいえないことになる．そこに情報倫理の存在価値が認められ
るといえる．

6.2　情報倫理教育の意義（その 2）

　前項で述べたように，情報にまつわる事件や事故にとって，法的制裁は民
事法的制裁にしろ刑事法的制裁も，十分な抑止的効用があるとはいえないこ
とになる．そうした観点からも，情報倫理の存在価値が積極的に評価される．
　医学の世界に臨床医学と予防医学がある．難病の特効薬が研究開発される
ことは，大変意義深いことである．それに勝るとも劣らず重要なのが，予防
医学である．たとえば，インフルエンザが流行期を迎えると，それを予防す
るために，マスク，うがい，手洗いの励行が強調される．これらの予防策を
遵守することにより，インフルエンザをかなりの程度まで予防することがで
きるといわれている．同様に，法の世界においても，法の役割として，紛争
処理のための法と紛争予防のための法がある．紛争予防のための法とは，被
害予防の法と加害予防の法がある．
　情報倫理教育は，情報にまつわる事件や事故を予防し，加害者にならない
とともに，被害者にもならないという意義が認められる．それには，情報倫
理教育を具体的事例を挙げるとともに，理解しやすい工夫を施しながら実施
する必要がある．
　医療の世界では，病院や医療機関において日常の医療診療・検査業務を遂
行している過程で，「ヒヤリ」とか「ハット」することが少なくないという．
そこから一歩超えたところに医療ミスの発生がある．そうした事例を積み重

ね，集積したものから今後に向けた教訓となる事例が生まれるといわれる．日常のルーティンワークに慣れ親しんでいるからこそ，そうした舗装された道路からスリップして反対車線にはみ出したり，路肩から脱輪するのである．どの分野においても，恒常的な業務や作業の過程における慣れが事故や事件を招くのであり，それらの要因になっている慣れによる不注意を回避することこそ，情報倫理にとってこれに優ることはない．その点をわかりやすくかつ説得力のある事例を織り交ぜながら教授することにこそ，情報倫理教育の役割がある．

6.3　具体的事例の恒常的収集と蓄積

　情報倫理教育は，情報倫理を高めることにより情報にまつわる事件や事故に対する抑止的効用を実現するといっても，情報倫理が問われる具体的イメージが想定し難いところに悩ましい特徴がある．そうであれば，具体的事例を利活用することにより，情報倫理の重要性を習得させることに努める必要がある．それにより，受講生は情報倫理がいかに重要であり，いったん事件や事故が発生すると取り返しがつかない事態を招くことを身にしみて理解することができる．

　情報倫理教育の当初は，なかなか適切な事例が思い浮かばないかもしれないが，事例の蓄積を重ねることにより，それらの事例を互いに提供することにより，質量ともに充実した情報倫理教育の格好な題材が集積されたデータベースが構築されることになるであろう．それらの適切な事例は社会生活のいたるところに存在する．新聞記事をはじめ，テレビドラマ等ちょっと注意して見ているだけでも豊富な素材が潜んでいることに気づくことがある．

　また，情報の属性によってその伝達方法も異なってくるので，情報の属性に即した最も適切な伝達方法を選択する必要がある．また，立場を変えると，情報を活用して達成させようとする目的に即して属性を踏まえた情報を収集するという努力が必要になる．たとえば，位置情報であれば地図であり，環

境情報であれば写真が想起される．その他，図表や連続写真等創意工夫を要
する．

ア　資源の節約によるミス

今日，資源の節約ということが叫ばれている．資源は無限にあるわけでは
なく，限りあることを自覚し，社会生活において資源の節約を心がけること
は社会の末永い発展のために必要不可欠なことである．ところが，資源を誤っ
た節約の仕方をすると，資源の節約をはるかに上回る事故を生じることがあ
る．しかも，その事故は容易に回復し難い損害を生じることすらある．

そこで，以下においては若干の具体的事例を挙げることとする．

たとえば，裏紙使用してFAX送信することは，社会生活においても少な
くない．不要になった裏紙を利用してFAX送信することは，FAXに使用す
る原紙は送信者の手元に残るので，本来であれば，なんら問題ないことであ
る．ところが，FAX機器によっては，送信面を上置きにする場合と下置き
にする場合とがあり，多くは後者のようである．そのため，日頃の習慣から，
上置きにすべきところを下置きにして送信してしまい，まったく目的と異な
る内容の紙面を送信してしまうという事態を生じさせてしまうことがある．
それが，単に誤りで済む場合はまだ救われるが，実は裏面が秘密内容のとき
には致命的な誤りを犯してしまうことになる．筆者の個人的な体験であるが，
現役大学教授のときに，研究室にどう見ても秘密内容と思われる書面が見ず
知らずのものからFAX送信されてきたことがある．ただちに，発信者に連
絡するとともに，その紙面を裁断して処理した．これが，複数の相手先に一
斉送信したときであれば，その被害は計り知れないものがある．また，FAX
に使用する原紙は送信者の手元に残るので，送信されてきた紙面の印刷が不
明瞭なときは速やかに送信者に申し出るべきである．そうしたことを怠ると，
たとえ不鮮明な箇所の記載についても，送信者から受信者に完全な情報が伝
わったものとして取り扱われてしまう恐れがある．

イ　情報伝達の相手方の誤認

情報を伝達する相手方を誤認したときも，深刻な事態を生じる．そんな誤

りをするだろうかというような誤りをしてしまうのが社会生活のリスクである．偶然の一致が想定しがたいが，通常では考えられないようなことになるのである．

　たとえば，FAX送信先の誤送信である．これは先にアで述べたことである．

　さらに，郵便の宛先・相手方を誤認したときである．郵便物の宛先住所が一部誤っていたり，名前が一部誤っていたりするときにも，同様の事件や事故を生じる．一戸建ての家であっても，郵便局の仕分け作業の人や郵便配達人が連想たくましくして郵便物の仕分けを行い，あるいは郵便物を配達し，その結果，あるときは宛先不明になるはずの郵便物が救われて目指す相手方に届いたり，あるときは他人に知られたくない郵便物がその他人の元に渡ってしまったりする．

　こうしたことは，マンション，その他の集合住宅に居住するものに送付する場合，部屋番号の些細な誤りは誤配を招くことになる．その結果，必要な書類が必要な相手方に到達しなかったり，知られてはならない相手方に届いてしまうという事態を生じることになる．しかも，それを発信者は時間が経過するまで知らないところに恐ろしさがある．

　必ず相手方が受領した事実を証拠として確保する必要があるときには，用いる方法に留意する必要がある．配達証明付き内容証明郵便は，最も象徴的な形態である．

ウ　メーリングリストの取扱い

　メール送信をするのにメーリングリストを利用することがある．メーリングリストは複数の相手方に同時に同一情報を送信する仕組みとして便利な点に特徴があるので，しばしば用いられる．あらかじめ，メーリングリストにメンバーのアドレスを登録しておいて，同一内容の情報を同時に一斉に送信できる点に特徴があり，それは同一内容であることが確かであるので便利でもある．ところが，この便利であることがいったんミスをすると，取り返しのつかない事態をまねくことになる．たとえば，いったん送信すると，もはやそのメールを撤回することができない．また，特定の情報をメーリングリ

ストを構成する集団の一部にだけ送信することができなくなる．このように，同時配信を可能にする利点は，同時にたとえ一部にしろ誤った利用をしたときは，計り知れない事態を招き，回復し難い信用失墜につながることになる．

エ　情報処理機器の使用上のミス

　もっと初歩的なミスとして，複写機で資料を複写した後に複写の対象となった原稿を取り出すのを忘れてしまい，そのまま放置して複写機の場を離れるというミスを経験することは誰でも一度はあるだろう．これが機密文書であったら致命的なミスになってしまう．とりわけ，同じ会社組織の中であれば，まだ後から来た同僚が見つけてくれて大事に至らないで済むであろう．ところが，これがコンビニエンスストアに設置されている複写機であれば，後から来た他人が取り残された資料の価値を知っていると勝手にそれを持ち去ってしまうことにもなろう．そこから新たな事件が発生したり，場合によっては自分が勤務する会社等の組織が恐喝される事態に発展することにもなりかねない．

オ　広告・宣伝によるミス

　これが広告や宣伝の分野になると，まったく異なるミスを犯すことがある．広告や宣伝は，もともと第三者に良い印象をもってもらうために容易に理解しやすい表現や図表を用いてこちらの意図を伝えようとする行為である．そのため，第三者に過度の期待を抱かせるような内容の広告をしてしまうことである．学校入学や資格試験の合格を請け負うような内容の広告をしてしまうことであり，これはぜったいにやってはならないことである．また，相手方に過度の期待を抱かせる恐れがある表現も避けなければならない．一般化すると，将来の不確実な要素によって結果が左右されるような事態については，一定の結果の到来することを断定してはならないということである．とりわけ，文書に書かれたものは後日の証拠になるので，紛争を生じたときに言い逃れをすることができない．

6.4 情報の共有と連携

　情報は秘匿することに意義があるのではなく，これを有効に活用し新たな成果を上げることにこそ，本来の意義がある．それによって情報は新装なった情報として新たな発展した価値を生み出すことになる．それには個々人が情報を活用することに腐心するのに止まるのではなく，利害関係を同じくするものと情報を共有し，相互に連携しながら所期の目的に向けて努力することこそ重要である．例えば，医療情報についてみると，医師，看護師等医療従事者が患者の医療情報を共有し，適切な診療に努めることは医療の内在的な当然の要請である．今日の医療は，チーム医療が基本的なあり方であるとされているが，そのことは一層こうした考え方が顕著に反映されたものであるといえる．それにより，より良い医療を実現させ，患者の利益に資することになる．「おくすり手帳」は，こうした理念に基づき個人健康情報管理の一つの制度として医療関係者に必要な情報を提供し，医薬品の過剰投与や医薬品の相互作用に伴う副作用の発生を防止することを目的としたものである．これらは，医療行為を横の座標軸で捉えたものであるが，縦の座標軸で捉えると，長年にわたる医療行為によって得られる患者を中心とする情報の積み重ねにより，医学の発展に寄与し，医療行為の進歩を促すことになる．われわれが患者として医療機関にかかる際には，その医療機関に限らず，それまで広く積み重ねられてきた医療の実績や経験則による恩恵を実は受けていることにもなるのである．見方を変えると，情報は他の情報と連動することにより，公共性の価値あるものと発展するといえる．詳細は，本書 5.1.3 節 [鈴木佳子執筆] 参照．

参 考 文 献

・梅本吉彦，小島喜一郎：「e-Learning における知的財産法上の諸問題」情報科学研究 No. 30（専修大学情報科学研究所・平成 21 年），35 頁．

索　引

158

著作人格権 71
著作物 70
著作隣接権 73
通謀虚偽表示 87
通報・通告 121
訂正請求権 34
データサルベージ 105
データバンク社会 28
データ復旧 105, 118
データ保護法（イギリス） 38
デジタル署名 112
てんかん 124
電子式電源スイッチ 96
電子商取引 88
伝統的プライバシー権 21, 34
盗聴 102
道徳的自律 32
特殊個人情報 39
独占禁止法 81
独善的善意 137
特許権 67
特許原簿 85
特許公報 86
特許審査制度 70
特許法 67
特許要件 69
トフラー，アルビン 59
ドライブバイ・ダウンロード 101
トラッカー 116
トラッシング 99
トランザクション認証番号 115
取引 73

な行

なりすまし 99, 103
日本心理臨床学会 132
日本臨床心理士資格認定協会 131
ネット広告 7

ノンフィクション『逆転』事件 25

は行

ハードディスクドライブ 96
パスワード・クラック 105
パターナリズム 129
バックアップ 117
発達障害 124
発明 67
　　——の実施 85
発明者主義 67
パニック 124
犯罪歴 25
被害予防 150
光ディスク 96
光ファイバー 97
ビギーバッキング 99
ひとりにしておいてもらう権利 18, 126
ヒポクラテスの誓い 138
秘密 127
秘密鍵 113
表現の自由 23, 63
表示意思 76
　　——に関する瑕疵 88
表示行為 76
標的型攻撃 99
ファイアウォール 111
ファイル削除 118
フィッシング 99
付加価値 1
福祉 11
複製 71
不公正な取引方法 81
不正競争 81
物件法 65
物理的脆弱性 95
プライバシー 126
　　個人情報との違い 35

情報社会と情報倫理　改訂版

令和 2 年 1 月 25 日　発　行

編著者　　梅　本　吉　彦

発行者　　池　田　和　博

発行所　　丸善出版株式会社
　　　　　〒101-0051 東京都千代田区神田神保町二丁目17番
　　　　　編　集：電　話 (03)3512-3266／FAX (03)3512-3272
　　　　　営　業：電　話 (03)3512-3256／FAX (03)3512-3270
　　　　　https://www.maruzen-publishing.co.jp

組版印刷・富士美術印刷株式会社／製本・株式会社 星共社

ISBN 978-4-621-30468-6　C 3055　　　　　Printed in Japan